La grande immagine dell'universo

L'astronomia come guida per il nostro viaggio nel cosmo

I0423068

Contenuti

Introduzione all'astronomia

Definizione di astronomia

L'astronomia è la scienza che studia gli oggetti celesti come stelle, pianeti, galassie, ammassi stellari, nebulose e buchi neri, nonché i fenomeni fisici che li regolano. Si basa sulle osservazioni fatte dalla Terra o dello spazio, e sui modelli teorici che cercano di spiegare tali osservazioni.

L'astronomia è una disciplina antica, che risale all'antichità. I primi astronomi hanno osservato il movimento degli astri nel cielo e hanno cercato di spiegarli. Nel corso dei secoli, l'astronomia ha fatto molti progressi, anche grazie all'invenzione del telescopio e alla teoria della gravità universale di Isaac Newton. Oggi, l'astronomia è una scienza in continua evoluzione, che continua a fare nuove scoperte e a fornire nuove prospettive sull'Universo.

L'astronomia si divide in diverse branche, che studiano diversi aspetti dell'Universo. Ad esempio, l'astrofisica studia le proprietà fisiche degli oggetti celesti, come la loro massa, temperatura e composizione chimica. L'astrochimica studia la chimica degli oggetti celesti, mentre l'astrobiologia si interessa alla possibilità di vita nell'Universo.

L'astronomia è anche una scienza interdisciplinare, che coinvolge la fisica, la chimica, la matematica e l'informatica. Gli astronomi utilizzano strumenti sofisticati di osservazione, come telescopi, spettrografi e rilevatori di radiazioni, per raccogliere dati sugli oggetti celesti. Utilizzano anche modelli teorici per spiegare questi dati e formulare nuove ipotesi.

In sintesi, l'astronomia è una scienza affascinante e in continua evoluzione che ci permette di comprendere meglio l'Universo che ci circonda. Ci consente di rispondere a domande fondamentali sull'origine e l'evoluzione dell'Universo e apre la strada a nuove scoperte e nuovi progressi tecnologici.

Storia dell'astronomia

La storia dell'astronomia risale a migliaia di anni, fin dai primi esseri umani che alzarono gli occhi al cielo notturno e cominciarono ad osservare le stelle. Le osservazioni dei movimenti apparenti dei corpi celesti portarono alla creazione di calendari per seguire le stagioni e pianificare le attività agricole.

Tuttavia, è solo a partire dall'Antichità che l'astronomia cominciò a svilupparsi come disciplina scientifica. Gli astronomi greci iniziarono a creare modelli geocentrici dell'Universo, con la Terra al centro e le stelle, i pianeti e gli altri corpi celesti che orbitano attorno ad essa. I lavori di Tolomeo, in particolare l'Almagesto, fornirono una solida base per l'astronomia per molti secoli.

Nel Medioevo, gli astronomi arabi continuano a sviluppare l'astronomia e apportano importanti contributi nel campo dell'osservazione e dei dispositivi strumentali. I loro lavori hanno influenzato anche l'Europa medievale, dove l'astronomia era strettamente legata alla religione e all'astrologia.

Durante il Rinascimento, la rivoluzione copernicana ha cambiato il modo in cui gli astronomi percepiamo l'Universo. Nicolaus Copernico propose un modello eliocentrico dell'Universo, con il Sole al centro e i pianeti che orbitano attorno ad esso. Ciò fu seguito dai lavori di Johannes Kepler e Galileo Galilei, che contribuirono a stabilire le leggi della meccanica celeste e fornirono prove osservative a sostegno del modello eliocentrico.

Nel XVIII secolo, l'astronomia si espanse per includere lo studio delle comete, delle stelle e delle galassie. Il lavoro di William Herschel portò alla scoperta dell'esistenza di molte galassie al di fuori della Via Lattea.

Nel XIX secolo, gli astronomi iniziarono a utilizzare la spettroscopia per studiare la composizione delle stelle e delle galassie. Il lavoro di Joseph von Fraunhofer portò alla scoperta delle righe di assorbimento nello spettro solare, che vennero utilizzate per identificare gli elementi chimici nelle stelle.

Nel XX secolo, l'astronomia ha fatto grandi scoperte grazie all'uso di telescopi sempre più grandi e di satelliti spaziali. Il lavoro di Edwin Hubble portò alla scoperta dell'espansione dell'Universo e alla teoria del Big Bang.

Oggi, l'astronomia è una disciplina con grandi progressi nella comprensione della formazione e dell'evoluzione delle galassie, delle stelle e dei pianeti. L'osservazione degli esopianeti ha aperto nuove prospettive per la ricerca di vita nell'Universo, mentre le onde gravitazionali hanno fornito un nuovo modo di studiare gli oggetti più massicci dell'Universo.

I grandi astronomi e le loro scoperte

Nicolaus Copernico è spesso considerato il padre dell'astronomia moderna. Ha proposto la teoria eliocentrica, che sosteneva che il Sole fosse al centro del sistema solare e che i pianeti orbitassero attorno ad esso. Questa idea fu rivoluzionaria all'epoca perché contraddiceva la credenza diffusa che la Terra fosse al centro dell'Universo. Copernico introdusse anche il concetto di parallasse, che consentì di misurare le distanze relative tra le stelle.

Galileo Galilei è un altro astronomo importante che ha rivoluzionato la nostra comprensione dell'Universo. Fu il primo a utilizzare il telescopio astronomico per osservare gli oggetti celesti. Utilizzando questo strumento, scoprì le lune di Giove, confermando la teoria eliocentrica di Copernico. Osservò anche le fasi di Venere, che supportarono anche questa teoria. Galilei studiò inoltre i movimenti dei corpi in caduta libera, che portarono alla formulazione della legge di caduta dei corpi.

Isaac Newton è considerato uno dei più grandi scienziati di tutti i tempi. La sua legge di gravitazione universale spiega come la gravità mantenga i pianeti in orbita intorno al Sole. Newton sviluppò anche il calcolo differenziale e integrale, che consentì di risolvere problemi matematici complessi legati all'astronomia. Grazie ai suoi lavori, gli astronomi sono stati in grado di calcolare con precisione le orbite dei pianeti e delle comete.

Charles Messier era un astronomo francese che compilò una lista di più di 100 oggetti celesti, conosciuta come il catalogo Messier. Questa lista include nebulose, ammassi stellari e altri oggetti. Messier creò questo elenco per aiutare gli astronomi a distinguere gli oggetti celesti dalle comete, che a volte possono essere confuse con oggetti permanenti nel cielo. Il catalogo Messier è ancora utilizzato oggi dagli astronomi amatoriali per individuare oggetti interessanti nel cielo notturno.

Edwin Hubble era un astronomo statunitense che fece importanti scoperte sulla struttura dell'Universo. Utilizzando il telescopio dell'osservatorio di Monte Wilson in California, Hubble scoprì che le galassie si stavano allontanando da noi e l'una dall'altra, con l'espansione dell'Universo. Scoprì anche che la luce di alcune galassie subiva uno spostamento verso il rosso, indicando che queste galassie si stavano allontanando da noi a una velocità crescente. Queste scoperte furono decisive per comprendere la storia dell'Universo e la sua struttura su larga scala.

Negli anni '60, Jocelyn Bell Burnell scoprì i pulsar, stelle di neutroni che emettono segnali periodici. Questa scoperta fu una grande sorpresa per gli astronomi dell'epoca e portò a una migliore comprensione della struttura delle stelle di neutroni e del loro ruolo nell'Universo. I pulsar sono anche utilizzati come orologi cosmici per misurare le distanze nell'Universo.

Anche la missione Kepler della NASA ha portato importanti scoperte. Lanciata nel 2009, questa missione ha scoperto migliaia di esopianeti, cioè pianeti che orbitano attorno ad altre stelle diverse dal Sole. Questa scoperta ha aperto la strada alla ricerca di vita extraterrestre ed ha anche aiutato gli astronomi a comprendere meglio la formazione e l'evoluzione dei sistemi planetari. La missione Kepler ha anche permesso di scoprire pianeti delle dimensioni della Terra, che potrebbero avere condizioni simili alle nostre.

Oltre a questi grandi nomi della storia dell'astronomia, molti altri astronomi hanno fornito importanti contributi. Johannes Kepler ha scoperto che i pianeti si muovono in orbite ellittiche intorno al Sole. William Herschel ha scoperto Urano e ha anche determinato che la Via Lattea è una galassia a forma di disco. Caroline Herschel, sorella di William Herschel, è stata anche un'astronoma importante che ha scoperto diversi comete.

Le principali branche dell'astronomia

L'astronomia è una scienza complessa e vasta che può essere suddivisa in diverse branche. Ciascuna di queste branche si concentra su aspetti diversi dello studio dell'Universo. Le principali branche dell'astronomia includono l'astrofisica, la cosmologia, l'astronomia stellare, l'astronomia galattica, l'astronomia extragalattica e l'astronomia delle alte energie.

L'astrofisica è lo studio della fisica degli oggetti celesti. Si concentra sulla comprensione della struttura e del comportamento delle stelle, delle galassie e degli oggetti cosmici come i buchi neri e le stelle di neutroni. L'astrofisica utilizza strumenti della fisica per comprendere la formazione e l'evoluzione di questi oggetti celesti.

La cosmologia è lo studio dell'Universo nel suo insieme. Si concentra sull'origine, l'evoluzione e la struttura globale dell'Universo. La cosmologia utilizza osservazioni e modelli per comprendere le leggi fondamentali che regolano l'Universo. Si interessa anche a concetti come l'inflazione, la materia e l'energia oscura, la formazione della struttura su larga scala e l'espansione dell'Universo.

L'astronomia stellare è lo studio delle stelle. Si concentra sulla classificazione e le proprietà delle stelle, nonché sulla loro formazione e evoluzione. L'astronomia stellare include anche lo studio delle supernove e delle stelle di neutroni.

L'astronomia galattica è lo studio della struttura e della dinamica della Via Lattea e delle altre galassie. Si concentra sulle stelle, i gas e le polveri che compongono le galassie. L'astronomia galattica si interessa anche ai movimenti e alle interazioni delle galassie, così come alla formazione e all'evoluzione delle galassie.

L'astronomia extragalattica è lo studio degli oggetti celesti al di fuori della nostra galassia. Si concentra sulle galassie, gli ammassi di galassie, i quasar e gli altri oggetti che esistono al di fuori della Via Lattea. L'astronomia extragalattica utilizza osservazioni per comprendere la struttura e l'evoluzione di questi oggetti celesti.

L'astronomia delle alte energie è lo studio degli oggetti celesti che emettono radiazioni elettromagnetiche ad alta energia, come i raggi X e i raggi gamma. Questo ramo dell'astronomia si concentra su fenomeni come i buchi neri, i pulsar e le supernove.

In conclusione, l'astronomia è una scienza che può essere suddivisa in diverse branche, ognuna delle quali si concentra su aspetti diversi dello studio dell'Universo. L'astrofisica, la cosmologia, l'astronomia stellare, l'astronomia galattica, l'astronomia extragalattica e l'astronomia delle alte energie sono le principali branche dell'astronomia. Ciascuna di queste branche utilizza metodi di osservazione e strumenti diversi per comprendere l'Universo, ma sono tutte strettamente connesse e complementari. Ad esempio, l'astronomia stellare e l'astronomia galattica sono strettamente correlate perché le stelle svolgono un ruolo chiave nella formazione e nell'evoluzione delle galassie. Allo stesso modo, l'astronomia extragalattica è strettamente collegata alla cosmologia, poiché lo studio delle galassie lontane può fornire informazioni sull'espansione dell'Universo.

È importante notare che queste branche dell'astronomia non sono statiche, ma dinamiche. Scoperte recenti possono portare all'emergere di nuove branche o alla fusione di branche esistenti. Ad esempio, lo studio degli esopianeti è un campo in continua evoluzione che ha conosciuto una crescita rapida negli ultimi decenni. Allo stesso modo, l'astronomia delle onde gravitazionali è un ramo relativamente nuovo dell'astronomia reso possibile dai recenti progressi tecnologici nella rilevazione delle onde gravitazionali.

Il sistema solare

Il Sole

Il Sole è una stella di dimensioni medie situata al centro del nostro sistema solare. Rappresenta circa il 99,86% della massa totale del nostro sistema solare e la sua temperatura superficiale è di circa 5.500 gradi Celsius.

Il Sole è una palla di gas che brucia continuamente, producendo luce e calore che sono essenziali per la vita sulla Terra. Questa produzione di energia avviene tramite una reazione di fusione nucleare, in cui l'idrogeno si converte in elio nel nucleo del Sole.

Il Sole ha una struttura a strati, con una zona centrale in cui la temperatura e la pressione sono sufficientemente alte da permettere la fusione nucleare. Questa zona è circondata da una zona convettiva, in cui la materia riscaldata nel nucleo si muove verso la superficie bollendo. La superficie visibile del Sole è chiamata fotosfera, dove la temperatura è di circa 5.500 gradi Celsius.

Il Sole è anche responsabile di fenomeni eruttivi come le macchie solari, le espulsioni di massa coronale e le eruzioni solari. Le macchie solari sono zone scure sulla superficie del Sole causate da intensi campi magnetici. Le espulsioni di massa coronale sono eventi in cui particelle cariche vengono espulse nello spazio dalla corona solare. Le eruzioni solari sono esplosioni improvvise di luce e materia che possono avere conseguenze sulla Terra, come le aurore boreali.

Il Sole viene anche studiato per la sua influenza sul clima terrestre e sui sistemi di comunicazione. Le variazioni dell'attività solare possono influenzare il clima terrestre modificando la quantità di radiazione solare che raggiunge la Terra. Le eruzioni solari possono anche disturbare i sistemi di comunicazione e di navigazione basati sui segnali satellitari.

Infine, lo studio del Sole è essenziale per comprendere le stelle in generale. Molte proprietà delle stelle si basano sull'osservazione del Sole, come la classificazione stellare e la relazione massa-luminosità.

I pianeti tellurici e le loro lune

I pianeti tellurici sono i pianeti del sistema solare che hanno una superficie solida e rocciosa come la Terra. Sono quattro: Mercurio, Venere, la Terra e Marte. Ognuno di essi ha le proprie caratteristiche e peculiarità.

Mercurio è il pianeta più vicino al Sole ed è molto piccolo. La sua superficie è ricoperta di crateri e falesie ripide a causa della mancanza di atmosfera che protegge la sua superficie dagli impatti meteoritici e dalle eruzioni solari. Mercurio ruota molto lentamente su se stesso, quindi un giorno su Mercurio è più lungo di un anno. Infatti, Mercurio impiega circa 88 giorni terrestri per compiere una rivoluzione completa intorno al Sole, ma circa 176 giorni terrestri per girare su se stesso.

Venere è il pianeta più vicino alla Terra ed è spesso chiamato il «gemello» della Terra per le sue dimensioni e composizione simili. Tuttavia, Venere è anche molto diverso dalla Terra a causa della sua densa e calda atmosfera composta principalmente di anidride carbonica, che crea un effetto serra intenso. La temperatura superficiale di Venere raggiunge quasi i 500 gradi Celsius, più calda della superficie di Mercurio, nonostante la sua distanza dal Sole. Venere è anche un pianeta che ruota molto lentamente su se stesso, come Mercurio, il che significa che i suoi giorni sono più lunghi delle sue anni.

La Terra è il nostro pianeta, ovviamente, ed è unico nel sistema solare grazie alla sua capacità di sostenere la vita come la conosciamo. La sua composizione rocciosa, la sua atmosfera protettiva e il suo campo magnetico ci proteggono dalla nociva radiazione solare e dalle eruzioni solari. La Terra è anche l'unico pianeta del sistema solare ad avere ampie distese di acqua liquida in superficie, che è un fattore importante per lo sviluppo della vita. La Terra ha un giorno di 24 ore e un anno di 365,25 giorni, che è la durata necessaria per compiere una rivoluzione completa intorno al Sole.

Marte è il quarto pianeta del sistema solare ed è spesso chiamato il «pianeta rosso» a causa del suo colore caratteristico. Marte è un pianeta freddo e desertico, ma ha un'atmosfera sottile e una superficie punteggiata di crateri, vulcani e canyon. Marte ha anche calotte polari di ghiaccio e una grande valle chiamata Valles Marineris, che è la più grande valle del sistema solare. Marte attira l'attenzione degli scienziati per la sua somiglianza con la Terra e per la sua possibile capacità di sostenere la vita.

I pianeti tellurici hanno anche delle lune che orbitano intorno a loro. La Terra ha una sola luna, mentre Marte ne ha due, Phobos e Deimos. Mercurio e Venere non hanno lune naturali. Le lune di Marte sono relativamente piccole e irregolari. Phobos è la più grande delle due lune e ha una superficie ricoperta di crateri. Deimos, la più piccola delle due, è molto più piccola di Phobos e ha una superficie liscia e senza crateri.

I pianeti gassosi e le loro lune

Nel nostro sistema solare, i pianeti gassosi sono giganti gassosi massicci che non hanno una superficie solida. I quattro pianeti gassosi sono Giove, Saturno, Urano e Nettuno. Questi pianeti si caratterizzano per la loro atmosfera spessa e nuvolosa, la loro forte gravità e il loro grande numero di lune.

Giove, il più grande dei pianeti del sistema solare, è composto principalmente da idrogeno ed elio, con tracce di altri elementi. La sua celebre Grande Macchia Rossa è una tempesta che infuria nella sua atmosfera da secoli. Giove ha anche un gran numero di lune, tra le quali le più conosciute sono Io, Europa, Ganimede e Callisto.

Saturno è anch'esso composto principalmente da idrogeno ed elio, ma ha anche tracce di altri elementi. La sua atmosfera è nota per i suoi spettacolari anelli, che sono in realtà composti da miliardi di particelle di ghiaccio e di roccia. Saturno ha anche molte lune, tra cui la più grande è Titano, che ha un'atmosfera densa e laghi liquidi in superficie.

Urano e Nettuno sono entrambi giganti di ghiaccio, composti principalmente da acqua, ammoniaca e metano. Hanno anche degli anelli, sebbene molto meno visibili rispetto a quelli di Saturno. Urano è particolarmente noto per la sua rotazione laterale, che è probabilmente dovuta a una collisione con un pianeta o un oggetto massiccio. Nettuno è il pianeta più lontano dal Sole e ha anche una grande tempesta nella sua atmosfera, nota come la Grande Macchia Scura.

Le lune di questi pianeti sono anche molto interessanti. Io, uno dei satelliti di Giove, è il vulcano più attivo del sistema solare. Titano, il satellite più grande di Saturno, ha un'atmosfera densa e laghi liquidi in superficie, il che lo rende un oggetto di grande importanza per lo studio della possibile vita extraterrestre. Tritone, il satellite più grande di Nettuno, è interessante perché probabilmente è un oggetto catturato da Nettuno e potrebbe contenere indizi sulle origini del nostro sistema solare.

Differenza tra lune e satelliti

In astronomia, il termine «luna» e il termine «satellite» vengono spesso utilizzati in modo intercambiabile per descrivere oggetti in orbita attorno a un pianeta. Tuttavia, esiste una sottile differenza tra questi due termini.

In generale, una luna è un corpo celeste naturale che orbita attorno a un pianeta specifico. Le lune sono generalmente sferiche, il che significa che hanno una gravità sufficientemente forte da deformarsi e assumere una forma rotonda. Le lune vengono spesso chiamate così quando orbitano attorno ai pianeti tellurici, come la Terra, Marte o Venere. Nel caso della Terra, abbiamo una luna, che chiamiamo Luna.

D'altra parte, un satellite può essere naturale, come una luna, o artificiale, come i satelliti di comunicazione o i telescopi in orbita attorno alla Terra. I satelliti possono anche orbitare attorno a diversi tipi di corpi celesti, come pianeti, stelle, asteroidi, comete, ecc.

In breve, ogni luna è un satellite, ma non tutti i satelliti sono lune. Pertanto, i termini «luna» e «satellite» vengono utilizzati in modo intercambiabile quando l'oggetto in questione è un corpo celeste naturale che orbita attorno a un pianeta.

Questa sottile distinzione tra luna e satellite può sembrare insignificante, ma può essere utile per comprendere la diversità dei corpi celesti nel nostro sistema solare e oltre. Studiando le lune e i satelliti, possiamo capire meglio le complesse interazioni gravitazionali che danno forma al nostro sistema solare e all'universo in generale.

Gli asteroidi, le comete e le meteoriti

Gli asteroidi, le comete e le meteoriti sono affascinanti oggetti celesti che rivestono una grande importanza per la nostra comprensione della storia e dell'evoluzione dell'Universo. In questa sezione, esploreremo questi oggetti e analizzeremo il loro impatto sul nostro pianeta e sulla vita.

Gli asteroidi sono corpi rocciosi che orbitano attorno al Sole. Possono variare in dimensioni, da pochi metri a diversi chilometri di diametro. Alcuni asteroidi hanno persino dei satelliti che orbitano attorno ad essi. La maggior parte degli asteroidi orbita nella fascia degli asteroidi tra Marte e Giove, ma alcuni potrebbero avvicinarsi alla Terra.

Le comete, d'altra parte, sono corpi ghiacciati che si trovano principalmente nel sistema solare esterno. Hanno orbite molto eccentriche, il che significa che possono avvicinarsi molto al Sole e creare code luminose visibili dalla Terra. Le comete sono anche portatrici d'acqua e di molecole organiche, rendendoli oggetti di interesse per la ricerca di vita nell'Universo.

Le meteoriti, infine, sono frammenti di rocce spaziali che hanno resistito all'ingresso nell'atmosfera terrestre. Quando una meteora, anche chiamata stella cadente, entra nell'atmosfera, si riscalda a causa della friction con l'aria e crea una scia luminosa nel cielo. Le meteoriti sono testimoni della storia del nostro sistema solare, poiché contengono elementi che si sono formati durante la formazione del sistema solare.

Gli asteroidi, le comete e le meteoriti hanno tutti un impatto sul nostro pianeta. Gli asteroidi possono causare impatti sulla Terra, come ad esempio quello che ha provocato l'estinzione dei dinosauri 65 milioni di anni fa. Anche le comete possono causare impatti, sebbene siano molto più rari. Le meteoriti, invece, possono avere un impatto sulla Terra sotto forma di cadute di meteoriti, che possono essere recuperate e studiate per comprendere meglio la storia del nostro sistema solare.

Infine, lo studio degli asteroidi, delle comete e delle meteoriti può aiutarci a comprendere meglio la storia e l'evoluzione del nostro sistema solare. Le missioni di esplorazione, come la missione OSIRIS-REx della NASA, mirano a raccogliere campioni di materiale degli asteroidi e a riportarli sulla Terra per lo studio. Allo stesso modo, la missione Rosetta dell'Agenzia Spaziale Europea ha permesso di studiare da vicino la cometa 67P/Churyumov-Gerasimenko e comprendere meglio la formazione e l'evoluzione delle comete.

Le stelle

La classificazione e le proprietà delle stelle

La classificazione delle stelle è un metodo utilizzato
per descrivere e raggruppare le stelle in base alle loro
caratteristiche fisiche. Le stelle possono essere classificate
in base alla loro temperatura, dimensione, luminosità,
composizione chimica ed età. Queste caratteristiche vengono
utilizzate per creare una sequenza di stelle, conosciuta come
sequenza principale, che descrive le stelle in base alla loro
massa e al loro stadio di vita.

La classificazione delle stelle in base alla loro temperatura
è il metodo più comune. Le stelle vengono classificate in
base al loro spettro, che è la distribuzione della loro luce in
diverse lunghezze d'onda. Lo spettro di una stella può essere
analizzato per determinare la sua temperatura e la sua
composizione chimica.

La classificazione più comunemente utilizzata per le stelle è
la classificazione di Harvard, nota anche come classificazione
OBAFGKM. Questa classificazione raggruppa le stelle in sette
classi principali in base alla loro temperatura. Le stelle più
calde sono classificate nella classe O, mentre le stelle più
fredde sono classificate nella classe M. La sequenza delle
classi è O, B, A, F, G, K, M.

Le dimensioni delle stelle sono anche un criterio di
classificazione importante. Le stelle vengono classificate in
base alla loro massa, che viene espressa in termini di masse

solari. Le stelle più massicce hanno una durata di vita più breve e una luminosità maggiore rispetto alle stelle meno massive.

La luminosità delle stelle è un'altra caratteristica importante utilizzata nella classificazione delle stelle. La luminosità viene misurata in termini di luminosità solare, che è la quantità di luce emessa dal Sole. Le stelle possono essere classificate in base alla loro magnitudine assoluta, che è la luminosità che avrebbero se fossero situate a una distanza di 10 parsec dalla Terra.

La composizione chimica delle stelle può anche essere utilizzata per classificarle. Le stelle sono composte principalmente di idrogeno ed elio, ma contengono anche piccole quantità di altri elementi. Le stelle che contengono alte quantità di metalli, cioè elementi più pesanti dell'elio, sono classificate come stelle ricche di metalli.

Infine, l'età delle stelle è anche un criterio importante nella classificazione. Le stelle si formano da nubi di gas e polvere chiamate nebulose e evolvono nel tempo. Le stelle più giovani sono ancora in fase di formazione e vengono classificate come pre-sequenza principale. Le stelle più vecchie vengono classificate in base al loro stadio di vita, che può essere sequenza principale, gigante, supergigante o nana bianca.

La formazione e l'evoluzione stellare

La formazione e l'evoluzione stellare sono processi affascinanti che hanno catturato l'attenzione degli astronomi per secoli. Questi processi sono responsabili della straordinaria diversità delle stelle che osserviamo nell'Universo. Le stelle si formano nelle gigantesche nubi molecolari, dove la gravità attira la materia per formare una palla di gas caldo che diventa sufficientemente densa da innescare la fusione nucleare.

La fusione nucleare è un processo in cui gli atomi si fondono per formare atomi più pesanti, rilasciando energia. Nel caso delle stelle, la fusione nucleare è il processo che alimenta la produzione di energia delle stelle. Una volta che una stella si forma, si evolve attraverso diverse fasi in base alla sua massa.

Le stelle a bassa massa, come il nostro Sole, passano attraverso una fase di sequenza principale in cui producono energia tramite la fusione di idrogeno in elio. Questa fase può durare fino a miliardi di anni. Durante questa fase, la stella mantiene un equilibrio tra la gravità che attrae la materia verso il suo centro e la pressione della fusione nucleare che spinge la materia verso l'esterno.

Tuttavia, quando il combustibile nucleare della stella inizia a esaurirsi, inizia a evolversi verso altre fasi. Si contrae, aumentando la temperatura e la pressione al suo nucleo, permettendole di fondere elio in carbonio e ossigeno. Quando tutto l'elio si esaurisce, la stella si trasforma in una gigante rossa, ingrandendo il suo raggio e raffreddando la sua superficie. In questa fase, può inghiottire i pianeti più vicini o espellere il suo involucro esterno per formare una nebulosa planetaria.

Se la stella è sufficientemente massiccia, può persino fondere elementi più pesanti come il ferro. Tuttavia, l'evoluzione delle stelle ad alta massa è più complessa. Queste stelle bruciano il loro combustibile più velocemente e quindi sono più calde e più luminose delle stelle a bassa massa. Possono subire esplosioni periodiche sotto forma di brillamenti o di novae. Alla fine della loro vita, possono esplodere in supernova, lasciando dietro di sé stelle a neutroni o buchi neri.

La massa della stella è quindi un fattore chiave per determinarne l'evoluzione. Le stelle più massicce hanno una vita breve, bruciano il loro combustibile più velocemente ed evolvono più rapidamente rispetto alle stelle a bassa massa. Le stelle a bassa massa possono vivere miliardi di anni nella sequenza principale prima di evolversi in giganti rosse e infine espellere il loro involucro esterno nello spazio per formare nebulose planetarie.

Le stelle svolgono un ruolo cruciale nella formazione e nell'evoluzione delle galassie. La composizione chimica delle stelle è anche un elemento chiave della loro evoluzione. Le stelle sono composte principalmente di idrogeno ed elio, ma contengono anche tracce di elementi più pesanti come carbonio, ossigeno e ferro. La quantità di questi elementi in una stella dipende dalla sua storia e dal suo ambiente.

Le stelle massicce hanno poderosi venti stellari che possono arricchire il loro ambiente con elementi più pesanti, mentre le stelle a bassa massa hanno venti più deboli e trattengono gli elementi più pesanti nella loro atmosfera. Quando una stella muore, può rilasciare questi elementi nello spazio circostante, dove possono essere riciclati nella formazione di nuove stelle e pianeti.

La formazione e l'evoluzione stellare sono processi dinamici che continuano ad essere studiati ed esplorati dagli astronomi. Nuove scoperte hanno recentemente permesso di comprendere meglio i processi fisici che regolano le stelle e la loro evoluzione. Ad esempio, l'osservazione delle stelle variabili ha permesso di comprendere meglio come si formano e evolvono le stelle pulsanti.

Le stelle sono anche cruciali per la comprensione della formazione e dell'evoluzione delle galassie. Le stelle più massicce hanno una durata di vita più breve e sono responsabili della produzione degli elementi più pesanti, essenziali per la formazione di pianeti rocciosi come la Terra. Le stelle a neutroni e i buchi neri, che si formano alla fine della vita delle stelle massicce, sono anche oggetti affascinanti che continuano ad essere studiati dagli astronomi.

Le costellazioni e le stelle più famose

Le costellazioni e le stelle più famose sono oggetti affascinanti e misteriosi che hanno catturato l'immaginazione umana per migliaia di anni. Le costellazioni sono gruppi di stelle che, visti dalla Terra, sembrano formare motivi riconoscibili. Sono spesso state utilizzate per la navigazione e per raccontare storie mitologiche. Alcune costellazioni sono famose in molte culture, mentre altre sono conosciute solo in alcune parti del mondo.

Tra le costellazioni più famose possiamo citare Orione, l'Orsa Maggiore, Cassiopea e il Leone. Orione è una costellazione visibile dall'emisfero nord che rappresenta un cacciatore armato di spada e scudo. L'Orsa Maggiore è una costellazione visibile da entrambi gli emisferi che assomiglia a una pentola, con le sue sette stelle luminose. Cassiopea è una costellazione visibile dall'emisfero nord che assomiglia alla lettera «W». Il Leone è una costellazione visibile dall'emisfero nord che rappresenta un leone sdraiato.

Le stelle più famose includono Sirio, Polare, Betelgeuse e Vega. Sirio, nota anche come Alpha Canis Majoris, è la stella più luminosa del cielo notturno. Polare, nota anche come Alpha Ursae Minoris, è l'attuale stella polare che indica la direzione nord ai navigatori e agli osservatori del cielo. Betelgeuse, nota anche come Alpha Orionis, è una gigante rossa nella costellazione di Orione. Vega, nota anche come Alpha Lyrae, è una stella brillante nella costellazione della Lira.

Le costellazioni e le stelle più famose hanno anche storie affascinanti e leggende associate ad esse. Ad esempio, Orione era un cacciatore nella mitologia greca, e le stelle della costellazione rappresentano le sue spalle, braccia, gambe e spada. Nella mitologia egizia, Sirio era associata alla dea Iside ed era considerata un presagio dell'inondazione del Nilo. L'Orsa Maggiore ha una storia diversa in molte culture, ma nella cultura dei nativi americani è spesso considerata un orso inseguito dai cacciatori.

Osservando le costellazioni e le stelle più famose, possiamo anche imparare molto sulla struttura dell'universo. La classificazione delle stelle e la loro posizione nel cielo ci aiutano a capire come si sono formate e come si evolvono nel tempo. Le costellazioni sono anche utili per individuare altre entità nel cielo, come galassie e nebulose.

Le supernovæ e le stelle a neutroni

Le supernovæ e le stelle a neutroni sono due dei fenomeni più spettacolari e affascinanti dell'universo. Le supernovæ sono esplosioni catastrofiche che si verificano quando una stella massiccia raggiunge la fine della sua vita. Durante questa esplosione, la stella rilascia una quantità di energia equivalente a miliardi di volte quella del Sole, illuminando brevemente lo spazio circostante e producendo elementi più pesanti del ferro, come l'oro, il piombo e l'uranio, che sono essenziali per la vita come la conosciamo.

Le stelle a neutroni, invece, sono i resti ultra-densi di una supernova. Sono estremamente compatte e hanno una massa equivalente a quella del Sole, ma il loro raggio è di soli circa 10 chilometri. Le stelle a neutroni ruotano spesso molto velocemente ed emettono getti di materia ad alta velocità, generando emissioni di raggi X e gamma visibili dalla Terra.

Questi fenomeni svolgono un ruolo cruciale nell'evoluzione dell'universo. Le supernovæ sono responsabili della produzione della grande maggioranza degli elementi più pesanti del ferro, necessari per la formazione della vita. Le stelle a neutroni sono anche coinvolte nella produzione di questi elementi e sono responsabili anche della produzione delle onde gravitazionali, recentemente rilevate per la prima volta dagli scienziati.

La ricerca sulle supernovæ e sulle stelle a neutroni è in continua evoluzione. Gli astronomi utilizzano telescopi terrestri e spaziali per osservare questi fenomeni e raccogliere dati sul loro comportamento. Nuove tecniche di modellizzazione numerica e simulazione vengono anche utilizzate per comprendere i processi fisici coinvolti in queste esplosioni.

Lo studio delle supernovæ e delle stelle a neutroni è anche importante per comprendere la storia dell'universo e la sua struttura a grande scala. Infatti, le supernovæ sono indicatori cruciali per la misurazione delle distanze nell'universo, poiché la loro luminosità caratteristica permette di utilizzarle come candele standard per la misurazione delle distanze cosmiche. Le stelle a neutroni sono anche importanti poiché la loro forte gravità può deviare la luce di altri oggetti, offrendo così una finestra unica sulla struttura dell'universo.

Le galassie

I tipi di galassie e le loro strutture

Le galassie sono entità affascinanti nel nostro Universo. Sono agglomerati di stelle, gas e polvere interstellare e la loro diversità è tanto sorprendente quanto le loro dimensioni. Da tempo, gli scienziati cercano di comprendere le diverse strutture delle galassie e i processi che le hanno formate.

Le galassie possono essere classificate in diversi tipi in base alla loro forma, dimensione e composizione. La classificazione più comune si basa sulla forma morfologica della galassia, che può essere ellittica, spirale o irregolare.

Le galassie ellittiche sono generalmente le più grandi e hanno una forma ovale. Sono composte principalmente da stelle vecchie e contengono poco gas e polvere interstellare. Spesso hanno un aspetto liscio e uniforme e sono considerate spesso i resti di antiche fusioni galattiche.

Le galassie a spirale, invece, hanno una forma caratteristica con bracci a spirale distinti che si estendono dal centro verso l'esterno. Questi bracci contengono nuvole di gas e polvere interstellare, dove nascono nuove stelle. Le galassie a spirale hanno anche una regione centrale densa chiamata nucleo, dove sono spesso presenti buchi neri supermassivi. La Via Lattea, la nostra galassia, è una galassia a spirale.

Le galassie irregolari hanno una forma caotica e non possono essere classificate come ellittiche o a spirale. Sono spesso il risultato di collisioni o fusioni di galassie. Le galassie nane irregolari sono le più comuni tra tutte le galassie e sono spesso satelliti delle galassie più grandi.

Oltre alla forma, le galassie possono anche essere classificate in base al loro contenuto di materia oscura. La materia oscura è una forma di materia ipotetica che non può essere direttamente rilevata, ma è stata postulata per spiegare le osservazioni cosmologiche. Le galassie ricche di materia oscura, come le galassie nane, sono generalmente più piccole delle galassie povere di materia oscura.

Alcune galassie, come le galassie attive, hanno nuclei molto luminosi e emettono enormi quantità di radiazione. Le galassie attive sono spesso associate a buchi neri supermassivi che ruotano velocemente e che attraggono materia dal centro della galassia. Questo processo di cattura di materia da parte di un buco nero crea getti di plasma che possono essere osservati a distanze considerevoli dalla galassia.

Le galassie hanno anche interazioni complesse con il loro ambiente cosmico. Le galassie possono attrarsi reciprocamente e fondersi, formando così galassie più massive. Queste collisioni possono anche disturbare i dischi stellari e le nuvole di gas, stimolando la formazione di stelle e creando regioni di intensa formazione stellare.

In sintesi, le galassie sono strutture affascinanti e diverse del nostro Universo. La loro forma, dimensione, contenuto di materia oscura e complesso ambiente cosmico sono tutti fattori che le rendono uniche.

La Via Lattea e le galassie vicine

La Via Lattea è la nostra galassia, una vasta collezione di stelle, gas e polvere che si estende per circa 100.000 anni luce. Prende il nome dal fatto che appare come una banda bianca di luce nel cielo notturno visto dalla Terra. La Via Lattea è una delle due grandi galassie a spirale conosciute, l'altra è la galassia di Andromeda, e contiene circa 200-400 miliardi di stelle.

La nostra comprensione della struttura della Via Lattea è dovuta principalmente alla misurazione della distribuzione della luce proveniente dalle stelle della galassia, così come all'osservazione del loro movimento. Questo studio ci ha permesso di capire che la nostra galassia ha una forma a disco, con un bulbo centrale e bracci a spirale avvolti intorno al centro.

Le stelle nel disco della Via Lattea sono giovani e ricche di elementi pesanti, mentre le stelle nell'alone della galassia sono più antiche e più povere di elementi pesanti. L'alone è anche la regione in cui si trovano la maggior parte dei globulari della Via Lattea. I globulari sono gruppi di stelle molto dense e molto antiche che orbitano attorno al centro galattico. La Via Lattea ne possiede circa 150, che sono eccellenti strumenti per studiare l'evoluzione della galassia.

La Via Lattea è circondata da diverse galassie vicine, tra cui le Nubi di Magellano, due galassie nane irregolari situate a circa 160.000 anni luce dalla Via Lattea, e la galassia di Andromeda, a circa 2,5 milioni di anni luce. Le Nubi di Magellano sono facilmente visibili a occhio nudo dall'emisfero sud, mentre la galassia di Andromeda è visibile a occhio nudo dalle zone rurali.

Le galassie nane sono i compagni più comuni delle galassie più grandi come la Via Lattea. Spesso hanno forme irregolari e contengono poche stelle. Le galassie nane sono anche importanti perché spesso sono ricche di materia oscura, il che permette agli astronomi di studiare la distribuzione della materia oscura nell'Universo.

Le galassie più massicce sono spesso circondate da un gran numero di piccole galassie satelliti. La Via Lattea ha circa 50 galassie satelliti, la maggior parte delle quali sono molto piccole e difficili da individuare. Alcune di queste galassie satelliti si stanno fondendo con la Via Lattea e contribuiscono così alla crescita della galassia.

Studiando la distribuzione delle galassie nell'Universo, gli astronomi possono capire come la materia si è aggregata per formare strutture su larga scala come gli ammassi di galassie e i superammassi. Tali studi possono anche aiutarci a comprendere l'espansione dell'Universo e le proprietà della materia oscura e dell'energia oscura.

La formazione e l'evoluzione delle galassie

La formazione e l'evoluzione delle galassie sono uno dei campi più affascinanti dell'astronomia. Osservando le galassie, assistiamo alla storia stessa dell'universo. Le galassie sono oggetti massicci composti da gas, polvere e stelle, che si sono formate da piccole fluttuazioni di densità nel mezzo intergalattico primordiale. Osservazioni e simulazioni hanno permesso di comprendere meglio i processi fisici che hanno portato alla formazione delle galassie.

La formazione delle galassie è iniziata circa 400 milioni di anni dopo il Big Bang, quando i primi ammassi di gas hanno iniziato a collassare sotto l'influenza della gravità. Questi ammassi si sono gradualmente raffreddati e contratti, formando nuvole di gas molecolare denso. Queste nuvole si sono poi frammentate per formare stelle e ammassi stellari, che hanno continuato a collassare sotto l'influenza della gravità per formare i nuclei galattici.

Nel corso del tempo, le galassie hanno continuato a crescere attraverso la fusione con altre galassie e l'accumulo di gas e polvere. Le collisioni tra galassie hanno spesso portato a periodi di intensa formazione stellare, noti come «burst di formazione stellare». Questi burst hanno prodotto stelle massicce e luminose che hanno arricchito il mezzo interstellare con elementi pesanti come carbonio, ossigeno e ferro.

Le galassie presentano una grande varietà di forme e dimensioni. Le galassie a spirale, come la Via Lattea, hanno bracci a spirale ben definiti e spesso contengono nuclei attivi in cui un buco nero supermassiccio sta consumando materia. Le galassie ellittiche, al contrario, hanno una forma più arrotondata e non presentano una struttura a spirale visibile. Le galassie irregolari sono galassie che non seguono una struttura regolare, spesso il risultato di collisioni o interazioni gravitazionali con altre galassie.

La formazione e l'evoluzione delle galassie sono strettamente legate alla materia oscura, una forma di materia invisibile che interagisce gravitazionalmente con la materia ordinaria, ma che non può essere rilevata direttamente. Le simulazioni numeriche hanno dimostrato che la materia oscura svolge un ruolo importante nella formazione delle galassie fornendo un potenziale gravitazionale per la materia ordinaria.

Altri oggetti celesti

I buchi neri

I buchi neri sono uno dei fenomeni più strani e affascinanti dell'Universo. Sono regioni dello spazio in cui la gravità è così intensa che nulla, nemmeno la luce, può sfuggire. I buchi neri si formano quando stelle massive collassano su se stesse alla fine della loro vita.

La prima teoria sui buchi neri risale agli inizi del XX secolo, quando il fisico tedesco Karl Schwarzschild risolse le equazioni della relatività generale di Albert Einstein per descrivere una regione dello spazio in cui la gravità è così intensa da impedire a qualsiasi materia o radiazione di sfuggire.

Da allora, molte osservazioni hanno confermato l'esistenza dei buchi neri, in particolare attraverso i loro effetti sugli oggetti circostanti come stelle e gas.

I buchi neri hanno dimensioni diverse, che vanno da pochi chilometri a miliardi di masse solari. I più piccoli sono chiamati buchi neri primordiali, mentre i più grandi sono chiamati buchi neri supermassicci. Si sospetta che si trovino al centro di quasi tutte le galassie, compresa la Via Lattea.

I buchi neri possono sembrare «aspirapolvere cosmici», ma in realtà svolgono un ruolo importante nella regolazione dei processi fisici nell'Universo. Sono coinvolti nella formazione delle stelle, nell'evoluzione delle galassie e persino nella creazione di alcune delle strutture più massive dell'Universo, come i quasar.

Nonostante il loro nome spaventoso, i buchi neri non rappresentano una minaccia per noi, poiché sono molto lontani dal nostro sistema solare. Tuttavia, rimangono un argomento di ricerca importante per gli astronomi e i fisici, in quanto sono ancora avvolti nel mistero.

Infine, i buchi neri hanno anche ispirato opere di finzione e numerosi film, come «Interstellar» o «Event Horizon». Affascinano e intrigano sia gli scienziati che il grande pubblico, poiché rappresentano un confine tra ciò che è noto e ciò che è sconosciuto, aprendo la porta a nuove scoperte sull'Universo.

Gli esopianeti

In questa sezione, esploreremo il campo affascinante degli esopianeti, ovvero pianeti situati al di fuori del nostro sistema solare. Dalla scoperta del primo esopianeta nel 1995, gli astronomi hanno individuato migliaia di questi corpi celesti affascinanti. Scopriremo cosa li rende così speciali e le sfide che i ricercatori devono affrontare nello studio di questi pianeti.

Gli esopianeti sono corpi celesti che orbitano attorno ad altre stelle oltre al nostro Sole. La maggior parte degli esopianeti finora scoperti sono giganti gassosi simili a Giove, poiché sono più facili da rilevare grazie alle loro dimensioni immensamente grandi. Tuttavia, i progressi tecnologici hanno consentito la scoperta di sempre più esopianeti di piccole dimensioni, simili alla Terra. Questi esopianeti rappresentano obiettivi interessanti per la ricerca di vita extraterrestre.

I metodi di rilevamento degli esopianeti includono il metodo delle velocità radiali, che misura le oscillazioni della stella ospite causate dalla gravità del pianeta, e il metodo dei transiti, che misura la diminuzione della luminosità della stella ospite quando il pianeta passa davanti ad essa. Entrambi i metodi hanno vantaggi e limiti, ma insieme hanno permesso la scoperta di migliaia di esopianeti nella Via Lattea.

Lo studio degli esopianeti è importante per comprendere la formazione e l'evoluzione dei sistemi planetari al di fuori del nostro. Gli esopianeti possono anche aiutare a capire meglio l'abitabilità di questi mondi e la ricerca di vita extraterrestre. Le caratteristiche degli esopianeti, come le loro dimensioni, la composizione atmosferica e la distanza dalla loro stella ospite, possono darci indizi sulla loro abitabilità.

Tuttavia, lo studio degli esopianeti presenta anche importanti sfide. La maggior parte degli esopianeti è troppo lontana per essere osservata direttamente, il che rende difficile determinarne la composizione e l'abitabilità. Inoltre, gli esopianeti sono spesso situati vicino alle loro stelle ospiti, esposti a condizioni estreme come temperature elevate e venti solari. Pertanto, gli scienziati devono trovare modi innovativi per studiare questi mondi lontani.

La materia e l'energia oscura

La materia e l'energia oscura sono due componenti misteriose dell'Universo. Rappresentano circa il 95% della densità energetica totale dell'Universo, ma la loro natura esatta rimane ancora sconosciuta. La materia oscura è invisibile e non produce radiazione elettromagnetica, ma esercita una forza gravitazionale sugli oggetti circostanti. L'energia oscura, invece, è una forma di energia che sembra accelerare l'espansione dell'Universo.

La ricerca sulla materia e sull'energia oscura è un campo in continua evoluzione, ma ci sono diverse teorie per spiegare la loro presenza nell'Universo. Alcune teorie suggeriscono che la materia oscura sia costituita da particelle ipotetiche chiamate WIMPs (Weakly Interacting Massive Particles), mentre altre suggeriscono che potrebbe essere formata da materia barionica non rilevata o da micro buchi neri. Per quanto riguarda l'energia oscura, alcune teorie la considerano una costante cosmologica, mentre altre suggeriscono che potrebbe essere legata a una modifica della gravità su grande scala.

Gli scienziati studiano la materia e l'energia oscura in modi diversi. Ad esempio, gli astronomi studiano gli effetti gravitazionali della materia oscura sulle galassie e sui gruppi di galassie, così come le fluttuazioni della densità di materia nell'Universo. L'energia oscura, al contrario, viene studiata analizzando l'accelerazione dell'espansione dell'Universo e le proprietà della luce emessa dalle supernove di tipo Ia.

La comprensione della materia e dell'energia oscura è

essenziale per una migliore comprensione della struttura e dell'evoluzione dell'Universo. Infatti, la loro presenza ha un impatto sulla formazione e la distribuzione delle galassie, così come sull'espansione globale dell'Universo. Inoltre, lo studio di questi fenomeni può aiutare a testare le teorie sulla gravità e a migliorare la nostra comprensione della fisica fondamentale.

In conclusione, la materia e l'energia oscura sono componenti chiave dell'Universo, ma la loro natura esatta rimane un mistero. Gli scienziati continuano a lavorare per comprendere meglio questi fenomeni enigmatici e i loro effetti sull'Universo nel suo insieme.

Osservazione astronomica e tecniche di osservazione

Gli strumenti di osservazione e misurazione

Gli strumenti di osservazione e misurazione sono essenziali per l'astronomia, in quanto permettono di raccogliere dati precisi e affidabili sugli oggetti celesti. Questi strumenti sono spesso molto complessi e sofisticati, in quanto devono essere in grado di misurare quantità estremamente piccole o rilevare segnali molto deboli provenienti da oggetti molto lontani.

Uno dei più comuni strumenti astronomici è il telescopio. I telescopi ottici, che utilizzano lenti e specchi per raccogliere e focalizzare la luce, sono i più comuni. I telescopi radio, che raccolgono le onde radio emesse dagli oggetti celesti, sono anche molto importanti. Vengono utilizzati anche telescopi ad infrarossi e telescopi a raggi X per raccogliere dati sugli oggetti celesti che non emettono luce visibile.

Anche gli strumenti di imaging sono molto importanti in astronomia. Le fotocamere CCD e i sensori di luce vengono utilizzati per catturare immagini degli oggetti celesti. Spettrometri vengono utilizzati per misurare la luce emessa dagli oggetti celesti e determinare la loro composizione chimica e la loro velocità.

Gli orologi atomici sono essenziali anche per l'astronomia. Questi orologi vengono utilizzati per misurare con precisione il tempo, il che consente agli astronomi di seguire i movimenti degli oggetti celesti e calcolare la loro posizione esatta.

Infine, i computer sono anche molto importanti in astronomia.
Gli astronomi utilizzano i computer per archiviare ed
analizzare i dati raccolti dagli strumenti di osservazione. I
modelli informatici vengono anche utilizzati per simulare
i movimenti degli oggetti celesti e prevedere il loro
comportamento futuro.

In sintesi, gli strumenti di osservazione e misurazione sono
indispensabili per l'astronomia, in quanto consentono agli
astronomi di raccogliere dati precisi e affidabili sugli oggetti
celesti. Telescopi, strumenti di imaging, spettrometri, orologi
atomici e computer sono tutti esempi di importanti strumenti
utilizzati in astronomia. Senza di loro, non potremmo avere
una comprensione così completa dell'Universo che ci
circonda.

Tecniche di imaging e spettroscopia

Nel campo dell'astronomia, l'imaging e la spettroscopia
sono tecniche fondamentali per ottenere informazioni sugli
oggetti celesti e comprendere la loro natura. L'imaging
consiste nel ottenere immagini degli oggetti celesti, mentre la
spettroscopia consente di analizzare la luce emessa o riflessa
da questi oggetti.

In astronomia, l'imaging può essere realizzato in diverse
lunghezze d'onda dello spettro elettromagnetico, dalle onde
radio ai raggi X. I telescopi ottici sono i più comunemente
utilizzati per l'imaging, ma esistono anche telescopi

specializzati per altre lunghezze d'onda, come i telescopi radio e infrarossi.

La spettroscopia consente di analizzare la luce emessa o riflessa dagli oggetti celesti per dedurne la composizione, la temperatura, la velocità, ecc. La spettroscopia può anche essere realizzata in diverse lunghezze d'onda dello spettro elettromagnetico. Gli spettrometri sono gli strumenti più comunemente utilizzati per la spettroscopia in astronomia.

Le immagini e gli spettri ottenuti dalle tecniche di imaging e spettroscopia sono spesso elaborati digitalmente per migliorare la qualità dei dati e analizzarli più facilmente. I software di elaborazione delle immagini e spettroscopia sono quindi strumenti indispensabili per gli astronomi.

L'imaging e la spettroscopia vengono utilizzati in molti campi dell'astronomia, come lo studio delle stelle, galassie, nebulose ed esopianeti. Ad esempio, studiando gli spettri della luce emessa da una stella, gli astronomi possono determinarne la composizione chimica, la temperatura e la velocità di rotazione. Nell'imaging, è possibile osservare la struttura della superficie di un pianeta o le diverse fasi della formazione di una stella.

Infine, è importante sottolineare che l'imaging e la spettroscopia in astronomia sono campi in continua evoluzione. I progressi tecnologici e i nuovi telescopi permettono di ottenere immagini e spettri sempre più precisi e dettagliati, aprendo così nuove possibilità di ricerca e scoperta.

Fotometria

La fotometria è un'importante branca dell'astronomia, in quanto permette di misurare la luminosità degli oggetti celesti, fornendo informazioni sulla loro temperatura, dimensione, composizione chimica, distanza e molto altro. La fotometria viene utilizzata per studiare molti oggetti nell'universo, come stelle, pianeti, galassie, nebulose e ammassi stellari.

Lo studio delle stelle è uno dei settori più importanti della fotometria. Misurando la loro luminosità, è possibile determinarne il tipo spettrale, la temperatura e la massa. Le stelle variabili, la cui luminosità varia nel tempo, sono particolarmente interessanti perché possono fornire informazioni sull'evoluzione stellare. La fotometria consente di misurare il periodo di variazione della luminosità di queste stelle, il che può aiutare a determinare la loro massa, età e composizione chimica.

La fotometria viene anche utilizzata per studiare gli esopianeti, ossia i pianeti che orbitano attorno a stelle diverse dal Sole. Misurando la diminuzione della luminosità della stella ospite quando un pianeta passa davanti ad essa, è possibile determinarne la dimensione e l'orbita. La fotometria può anche rivelare dettagli sull'atmosfera degli esopianeti, ad esempio misurando la variazione della luminosità quando il pianeta transita davanti alla stella ospite.

Gli oggetti che emettono radiazioni elettromagnetiche in diverse gamme di lunghezze d'onda possono anche essere studiati tramite fotometria. Ad esempio, la fotometria nell'infrarosso consente di studiare oggetti come galassie distanti e nebulose, che emettono principalmente in quella gamma di lunghezze d'onda.

I fotometri sono gli strumenti utilizzati per misurare la luminosità degli oggetti celesti. Sono progettati per rilevare la quantità di luce emessa da un oggetto celeste a una certa lunghezza d'onda. I fotometri moderni possono essere dotati di sensori sensibili in grado di misurare la luminosità a livelli estremamente bassi, consentendo così lo studio di oggetti molto lontani.

La fotometria è uno strumento indispensabile per gli astronomi, poiché fornisce informazioni sulla natura degli oggetti celesti. Misurando la luminosità di questi oggetti, gli astronomi possono capire meglio la loro evoluzione, composizione chimica e comportamento. La fotometria viene anche utilizzata in molte altre branche dell'astronomia, come la ricerca di pianeti extrasolari, lo studio di oggetti che emettono radiazioni elettromagnetiche diverse e molto altro ancora.

Astrometria

L'astrometria è una branca fondamentale dell'astronomia che permette di misurare la posizione, il movimento e la distanza degli oggetti celesti con grande precisione. Questa disciplina svolge un ruolo cruciale nella nostra comprensione dell'Universo, consentendoci di mappare lo spazio tridimensionalmente e monitorare l'evoluzione di stelle, pianeti e galassie nel tempo.

Per misurare la posizione apparente delle stelle sulla volta celeste, l'astrometria utilizza strumenti come telescopi, telecamere, spettrografi e sensori CCD. Questi strumenti consentono agli astronomi di seguire il movimento delle stelle, dei pianeti e degli asteroidi nel corso del tempo con grande precisione.

Uno degli aspetti più importanti dell'astrometria è la determinazione della distanza delle stelle. Per fare ciò, gli astronomi utilizzano il metodo della parallasse, che consiste nel misurare la posizione apparente di una stella in due momenti diversi dell'anno, quando la Terra si trova in posizioni opposte attorno al Sole. Questo metodo permette di calcolare la distanza delle stelle fino a circa 1000 anni luce. La parallasse permette anche di determinare le caratteristiche fisiche delle stelle, come la loro dimensione, luminosità e temperatura.

L'astrometria viene anche utilizzata per studiare i movimenti dei corpi del sistema solare. I pianeti, le lune e gli asteroidi hanno orbite complesse che sono influenzate dalla gravità degli altri corpi del sistema solare. Misurando accuratamente la loro posizione apparente nel corso del tempo, gli astronomi possono determinare il loro movimento e la loro orbita con grande precisione. Queste misure sono essenziali per prevedere eclissi, transiti e occultazioni planetarie, così come per monitorare la traiettoria degli asteroidi e delle comete potenzialmente pericolose per la Terra.

Inoltre, l'astrometria viene utilizzata per scoprire esopianeti.

Quando un pianeta orbita attorno a una stella, causa una leggera oscillazione della stella intorno al loro centro di massa comune. Questa oscillazione può essere misurata utilizzando tecniche astrometriche, consentendo quindi di rilevare esopianeti che potrebbero essere troppo piccoli o troppo vicini alla loro stella per essere rilevati con altri metodi. Questa tecnica è stata utilizzata per scoprire alcuni dei primi esopianeti, tra cui 51 Pegasi b, il primo esopianeta rilevato attorno a una stella di tipo solare.

Infine, l'astrometria svolge un ruolo importante nella mappatura dell'Universo su larga scala. Misurando con precisione la posizione e il movimento delle galassie, gli astronomi possono ricostruire la storia della formazione e l'evoluzione delle strutture cosmiche nel corso del tempo.

I telescopi e gli osservatori

I telescopi ottici

I telescopi ottici sono uno degli strumenti più importanti per gli astronomi. Questi strumenti consentono di raccogliere la luce dalle stelle e dalle galassie, e di concentrarla su un punto focale dove può essere analizzata e studiata.

I telescopi ottici possono essere di diverse dimensioni, da alcuni centimetri a diversi metri di diametro. I telescopi ottici più grandi sono spesso situati in osservatori sulle vette delle montagne per minimizzare gli effetti dell'inquinamento luminoso e dell'atmosfera.

I telescopi ottici possono essere dotati di vari strumenti, come telecamere, spettrografi e polarimetri, per studiare diversi aspetti della luce emessa dagli oggetti celesti. Le telecamere consentono di scattare immagini degli oggetti, mentre gli spettrografi permettono di misurare la composizione chimica e la temperatura degli oggetti, così come il loro movimento.

I telescopi ottici possono essere utilizzati per studiare una grande varietà di oggetti, come stelle, galassie, nebulose e ammassi stellari. Possono anche essere utilizzati per studiare fenomeni come eclissi solari e transiti di esopianeti.

La risoluzione di un telescopio ottico dipende dalla lunghezza d'onda della luce raccolta e dalle dimensioni dello specchio o della lente. Una risoluzione più elevata consente di vedere dettagli più fini nelle immagini.

Tuttavia, i telescopi ottici hanno dei limiti. L'atmosfera terrestre può influenzare la qualità dell'immagine raccolta a causa della turbolenza atmosferica, limitando così la risoluzione. Per compensare questo problema, gli astronomi spesso utilizzano tecniche di ottica adattativa per correggere gli effetti della turbolenza atmosferica.

Inoltre, la raccolta della luce è limitata dalla quantità di luce disponibile. I telescopi ottici non possono rilevare tutte le lunghezze d'onda della luce, il che significa che non possono rilevare alcuni tipi di radiazione, come le onde radio e i raggi X.

Nonostante questi limiti, i telescopi ottici rimangono uno degli strumenti più importanti per gli astronomi. Hanno permesso numerose importanti scoperte nell'astronomia e continuano a svolgere un ruolo chiave nella ricerca astronomica oggi.

I telescopi radio e infrarossi

I telescopi radio e infrarossi sono strumenti importanti per l'astronomia, in quanto permettono di studiare oggetti celesti invisibili a occhio nudo e non rilevabili con i telescopi ottici. I telescopi radio sono in grado di rilevare le onde elettromagnetiche prodotte dalle emissioni di gas e polvere interstellare, così come dalle emissioni radio di stelle e galassie. I telescopi infrarossi, invece, sono utilizzati per rilevare il calore emesso dagli oggetti celesti, permettendo di mappare la formazione delle stelle e le regioni di polvere interstellare.

I telescopi radio utilizzano antenne paraboliche per raccogliere le onde elettromagnetiche, che vengono poi amplificate e analizzate. I telescopi infrarossi utilizzano invece rilevatori sensibili al calore per catturare le emissioni infrarosse degli oggetti celesti.

I telescopi radio sono stati utilizzati per scoprire fenomeni come pulsar, quasar, emissioni radio della Via Lattea e brillamenti gamma. Sono inoltre utilizzati per mappare la distribuzione di gas nelle galassie e per studiare le nubi interstellari di polvere. I telescopi infrarossi hanno permesso di rilevare stelle in formazione e nubi molecolari, così come oggetti come comete e asteroidi.

I telescopi radio e infrarossi vengono spesso utilizzati in combinazione con telescopi ottici per fornire un'immagine completa dell'Universo. Utilizzando osservazioni a diverse lunghezze d'onda, gli astronomi possono comprendere le proprietà fisiche degli oggetti celesti, come la loro temperatura, composizione e movimento.

I telescopi radio e infrarossi vengono utilizzati anche per cercare segni di vita nell'Universo. Utilizzando telescopi infrarossi, gli astronomi possono rilevare biomarcatori, molecole organiche che potrebbero indicare la presenza di vita su un esopianeta. I telescopi radio vengono anche utilizzati per ascoltare segnali extraterrestri in progetti come SETI.

I telescopi a raggi X e gamma

I telescopi a raggi X e gamma sono strumenti astronomici in grado di rilevare radiazioni elettromagnetiche molto energetiche, come i raggi X e gamma, che non possono essere rilevati dai telescopi ottici tradizionali. Questi telescopi sono essenziali per lo studio dei fenomeni astronomici più energetici e violenti dell'Universo, come esplosioni di supernove, eruzioni di raggi gamma, buchi neri e pulsar.

I telescopi a raggi X utilizzano rilevatori sensibili ai raggi X per raccogliere la luce. Questi telescopi possono essere terrestri o spaziali, ma la maggior parte dei telescopi a raggi X si trova in orbita intorno alla Terra. Ciò è dovuto al fatto che l'atmosfera terrestre blocca la maggior parte dei raggi X, rendendo difficile la raccolta di informazioni da telescopi a terra. I telescopi a raggi X in orbita possono anche osservare il cielo in diverse lunghezze d'onda, permettendo di raccogliere informazioni preziose sulle fonti di raggi X.

I telescopi a raggi gamma, invece, rilevano i raggi gamma, che sono ancora più energetici dei raggi X. I telescopi a raggi gamma possono anche essere terrestri o spaziali. I telescopi a raggi gamma terrestri utilizzano rilevatori montati su palloni stratosferici o aerei per raccogliere dati, mentre i telescopi a raggi gamma spaziali sono in orbita intorno alla Terra.

Uno dei telescopi a raggi gamma più famosi è il telescopio spaziale Fermi della NASA, lanciato nel 2008. Fermi è stato progettato per studiare le fonti di raggi gamma nell'Universo, tra cui esplosioni di supernove, eruzioni di raggi gamma e buchi neri. Grazie alle sue osservazioni, Fermi ha contribuito alla nostra comprensione della fisica delle eruzioni di raggi gamma e della formazione dei buchi neri.

In definitiva, i telescopi a raggi X e gamma sono strumenti indispensabili per gli astronomi che cercano di comprendere i fenomeni più energetici e violenti dell'Universo. Sebbene questi telescopi siano relativamente nuovi, hanno già consentito importanti scoperte che hanno ampliato la nostra comprensione dell'Universo e dei suoi fenomeni più estremi.

Gli osservatori spaziali e le sonde

Gli osservatori spaziali e le sonde sono strumenti preziosi per gli astronomi. Consentono di raccogliere dati precisi sull'Universo, senza essere influenzati dalle interferenze atmosferiche che possono alterare i risultati delle osservazioni terrestri. Gli osservatori spaziali e le sonde vengono quindi utilizzati per studiare numerosi fenomeni astronomici, come stelle, galassie, esopianeti, nebulose, ammassi stellari, buchi neri e fenomeni cosmologici come il fondo diffuso cosmico.

Tra gli osservatori spaziali più famosi c'è il telescopio spaziale Hubble, lanciato nel 1990 e ancora in attività oggi. Hubble ha permesso agli astronomi di raccogliere dati importanti sull'espansione dell'Universo, sulla formazione di stelle e galassie, e ha anche prodotto immagini spettacolari dell'Universo che sono state ampiamente diffuse al grande pubblico.

Un altro osservatorio spaziale importante è il telescopio

spaziale Spitzer, appositamente progettato per osservare l'Universo nell'infrarosso. Spitzer ha permesso agli astronomi di raccogliere dati preziosi sulla formazione di stelle e pianeti, così come sui processi fisici nelle galassie lontane.

Le sonde spaziali, invece, sono veicoli spaziali inviati nello spazio per esplorare oggetti come pianeti, comete, asteroidi e stelle. Le sonde spaziali consentono di raccogliere dati importanti su questi oggetti, come composizione, struttura, movimento e interazione con l'ambiente circostante.

Tra le sonde spaziali più famose ci sono Voyager 1 e Voyager 2, lanciate nel 1977 e hanno visitato i pianeti del sistema solare esterno prima di intraprendere il loro viaggio interstellare. La sonda Cassini-Huygens, lanciata nel 1997, ha studiato il pianeta Saturno e le sue lune per oltre 13 anni, fornendo importanti dati sulla loro struttura e evoluzione.

Gli osservatori spaziali e le sonde spaziali sono strumenti preziosi per gli astronomi. Consentono di raccogliere dati precisi sull'Universo, esplorare oggetti spaziali lontani e fornire informazioni importanti sulla struttura e l'evoluzione dell'Universo. Grazie a questi strumenti, gli astronomi possono continuare a esplorare l'Universo e scoprire nuove cose entusiasmanti sulla nostra posizione nell'Universo.

I processi fisici nell'Universo

I modelli cosmologici

I modelli cosmologici hanno subito un'evoluzione significativa dalla nascita dell'astronomia. Dall'Antichità fino ai giorni nostri, gli scienziati hanno cercato di comprendere la natura dell'Universo e il suo funzionamento. La cosmologia moderna è diventata una scienza importante che studia le leggi fondamentali dell'Universo e ci aiuta a comprendere il nostro posto nell'Universo.

Il modello del Big Bang, uno dei modelli cosmologici più famosi, si basa sull'idea che l'Universo abbia avuto origine da uno stato iniziale estremamente denso e caldo circa 13,8 miliardi di anni fa. Questo evento iniziale è stato seguito da un'espansione rapida e violenta chiamata inflazione, che ha allungato lo spazio e uniformato la densità della materia. Da allora, l'Universo continua ad espandersi, raffreddarsi e svilupparsi, formando galassie, stelle, pianeti e infine la vita.

Tuttavia, ci sono ancora molte incertezze e controversie nella comunità scientifica sulla natura dell'Universo e su come si sia sviluppato dopo il Big Bang. Gli astronomi stanno cercando di capire cosa abbia causato l'inflazione e come le strutture galattiche si siano formate dalle iniziali fluttuazioni nella densità della materia.

Sono stati proposti anche altri modelli cosmologici, come il modello dell'Universo oscillante, il modello dell'Universo eterno e il modello dell'Universo ciclico. Ciascuno di questi modelli ha vantaggi e svantaggi e viene studiato per comprendere meglio la natura dell'Universo.

Le osservazioni cosmologiche hanno permesso di scoprire fenomeni affascinanti, come i buchi neri, le stelle di neutroni, le galassie, gli ammassi stellari e le nebulose. Gli scienziati stanno inoltre studiando la materia oscura e l'energia oscura, due concetti necessari per spiegare le osservazioni cosmologiche, ma ancora molto misteriosi.

Infine, la cosmologia è anche collegata alla ricerca di vita extraterrestre. Gli astronomi stanno attivamente cercando pianeti extrasolari e segni di vita nell'Universo, utilizzando telescopi spaziali e terrestri. I progressi tecnologici hanno permesso di scoprire sempre più esopianeti e la ricerca di vita nell'Universo è diventata uno degli argomenti più appassionanti della cosmologia.

La gravità e la teoria della relatività generale

La gravità è una delle forze fondamentali dell'Universo, responsabile della formazione e del movimento dei corpi celesti, dalle pianeti e stelle alle galassie e all'intero cosmo. Essa è descritta dalla teoria della relatività generale di Albert Einstein, che ha rivoluzionato la nostra comprensione dello spazio e del tempo.

Prima della teoria della relatività generale, la gravità veniva descritta come una forza che agisce a distanza tra oggetti massivi. Ma la teoria di Einstein ha sconvolto questa comprensione affermando che la gravità non è una forza, ma piuttosto una manifestazione della geometria dello spazio-tempo. Secondo questa teoria, la presenza di un corpo massivo curva lo spazio-tempo intorno a sé, causando una deviazione delle traiettorie dei corpi in movimento intorno ad esso. La gravità è quindi una manifestazione della curvatura dello spazio-tempo piuttosto che un'interazione fisica tra i corpi.

Questa descrizione della gravità è stata sperimentalmente verificata molte volte, in particolare attraverso l'osservazione degli effetti delle lenti gravitazionali e delle onde gravitazionali. Le lenti gravitazionali sono un fenomeno previsto dalla teoria della relatività generale in cui la luce di una fonte lontana viene deviata dalla curvatura dello spazio-tempo attorno a un corpo massivo in primo piano, creando un'immagine distorta della sorgente. Le onde gravitazionali, invece, sono ondulazioni dello spazio-tempo che si propagano alla velocità della luce ed sono emesse da corpi massivi in movimento.

La relatività generale ha anche permesso di comprendere meglio i fenomeni astrofisici che coinvolgono campi gravitazionali intensi, come i buchi neri e le stelle di neutroni. I buchi neri sono oggetti così massicci e compatti che la loro gravità è così intensa da impedire a qualsiasi cosa, anche alla luce, di sfuggirne. Le stelle di neutroni, invece, sono i resti di stelle massicce che sono esplose in una supernova e hanno una gravità estremamente elevata. Questi oggetti massicci hanno effetti significativi sulla curvatura dello spazio-tempo attorno a loro, il che ha implicazioni per il movimento dei corpi celesti nelle loro vicinanze.

Le osservazioni astrofisiche hanno anche confermato la teoria della relatività generale, in particolare tramite la misura precisa dell'orbita di Mercurio intorno al Sole e la rivelazione delle onde gravitazionali emesse da eventi come la fusione di due buchi neri o di due stelle di neutroni. La misura precisa dell'orbita di Mercurio ha dimostrato che l'effetto gravitazionale del Sole curva lo spazio-tempo attorno ad esso in accordo con la teoria di Einstein, mentre le onde gravitazionali sono state rilevate mediante interferometri laser come LIGO e VIRGO.

La fisica delle stelle e delle galassie

La fisica delle stelle e delle galassie è un settore affascinante dell'astronomia che ci permette di comprendere come questi oggetti celesti si formano, evolvono e interagiscono nell'universo. Le stelle e le galassie sono strutture dinamiche che subiscono forze gravitazionali, pressioni e temperature estreme. In questa sezione, esploreremo i concetti principali della fisica delle stelle e delle galassie.

La formazione e l'evoluzione delle stelle sono processi complessi che sono regolati dalle leggi della fisica. Le stelle si formano da nubi di gas e polvere nelle regioni di formazione stellare. La gravità attrae la materia verso il centro della regione di formazione, dove la temperatura e la pressione aumentano fino a quando inizia la fusione nucleare e nasce una stella. La massa della stella determina la sua evoluzione. Le stelle massicce hanno una vita breve e esplosiva, mentre le stelle di bassa massa hanno una vita più lunga e tranquilla.

Le stelle evolvono nel corso del tempo e il loro destino è determinato dalla loro massa iniziale. Le stelle di bassa massa, come il nostro Sole, diventeranno nane bianche alla fine della loro vita. Le stelle massicce, invece, termineranno la loro vita come supernovae, lasciando dietro di sé stelle di neutroni o buchi neri. Le stelle binarie, che sono due stelle che orbitano l'una intorno all'altra, possono subire trasferimenti di materia che influenzano la loro evoluzione e possono persino portare alla fusione delle due stelle.

Le galassie, invece, sono strutture massicce che contengono miliardi di stelle e materia interstellare. Le galassie sono classificate in base alla loro forma, come le galassie a spirale, ellittiche e irregolari. La Via Lattea è la nostra galassia e contiene circa 200 miliardi di stelle. Le galassie a spirale, come la Via Lattea, hanno bracci a spirale che contengono stelle e materia interstellare, mentre le galassie ellittiche non hanno una struttura a spirale e sono spesso il risultato della fusione di due o più galassie.

La formazione delle galassie è un altro importante campo della fisica delle stelle e delle galassie. Le galassie si formano a partire da materia interstellare e materia oscura che orbitano insieme sotto l'effetto della gravità. Le simulazioni al computer e le osservazioni ci hanno permesso di comprendere meglio come le galassie si sono formate ed evolute nel corso del tempo.

Anche le interazioni tra stelle e galassie sono un campo di studio importante. Le stelle possono essere catturate dalle galassie o espulse dalle interazioni gravitazionali. Le collisioni tra galassie possono portare alla formazione di nuove stelle e alla distruzione di stelle esistenti.

Le radiazioni elettromagnetiche

Le radiazioni elettromagnetiche sono uno dei modi più importanti per studiare l'Universo. Ci consentono di osservare oggetti astronomici troppo lontani, troppo piccoli o troppo freddi per essere rilevati con altri mezzi. Le radiazioni elettromagnetiche vengono anche utilizzate per indagare sulle proprietà fisiche degli oggetti, come la loro temperatura, la composizione chimica e il movimento.

Le radiazioni elettromagnetiche sono onde elettromagnetiche che si propagano nello spazio. Sono prodotte da oggetti astronomici che emettono energia sotto forma di fotoni, particelle elementari che trasportano l'energia delle onde elettromagnetiche.

Le radiazioni elettromagnetiche sono classificate in base alla loro lunghezza d'onda, cioè la distanza tra due creste successive dell'onda. Le radiazioni elettromagnetiche con lunghezze d'onda più corte hanno un'energia più alta e sono più penetranti di quelle con lunghezze d'onda più lunghe. Le radiazioni elettromagnetiche sono generalmente classificate in sette categorie principali:

Le onde radio: hanno lunghezze d'onda che variano da alcuni chilometri a pochi millimetri e sono utilizzate per studiare gli oggetti più freddi dell'Universo, come le nubi di gas e polvere.

Le microonde: hanno lunghezze d'onda che variano da pochi

millimetri a pochi centimetri e sono utilizzate per studiare gli oggetti più caldi, come le galassie, gli ammassi di galassie e il fondo cosmico.

L'infrarosso: ha lunghezze d'onda che variano da pochi micrometri a diverse decine di micrometri ed è utilizzato per studiare oggetti più caldi delle microonde, come stelle, pianeti, comete e nebulose.

La luce visibile: ha lunghezze d'onda che vanno dai 400 ai 700 nanometri ed è utilizzata per studiare gli oggetti più vicini a noi, come il Sole, la Luna, i pianeti, le stelle e le galassie.

L'ultravioletto: ha lunghezze d'onda che variano da poche decine di nanometri a diverse centinaia di nanometri ed è utilizzato per studiare oggetti più caldi della luce visibile, come stelle più calde, quasar e regioni di emissione di gas.

I raggi X: hanno lunghezze d'onda che vanno da pochi nanometri a pochi picometri ed è utilizzato per studiare gli oggetti più caldi e densi dell'Universo, come stelle di neutroni, buchi neri e galassie attive.

I raggi gamma: hanno lunghezze d'onda che vanno da pochi picometri a pochi femtometri ed è utilizzato per studiare i fenomeni più energetici dell'Universo, come le supernovae, le eruzioni solari e le esplosioni di raggi gamma.

Le radiazioni elettromagnetiche possono essere rilevate utilizzando strumenti di osservazione specifici, come i telescopi radio, i telescopi ottici, i telescopi infrarossi, i telescopi a raggi X e i telescopi gamma. Questi telescopi sono dotati di rilevatori sensibili ai diversi tipi di radiazioni elettromagnetiche e consentono agli astronomi di raccogliere dati preziosi sugli oggetti osservati.

Le radiazioni elettromagnetiche vengono anche utilizzate per indagare sulle proprietà fisiche degli oggetti osservati. Ad esempio, l'analisi della luce emessa da una stella permette agli astronomi di determinarne la temperatura, la composizione chimica e la velocità di rotazione. Allo stesso modo, l'analisi dei raggi X emessi da un buco nero permette agli astronomi di determinarne la massa e la struttura interna.

Le radiazioni elettromagnetiche vengono anche utilizzate per rilevare oggetti astronomici che non possono essere osservati direttamente, come gli esopianeti. Gli astronomi utilizzano il metodo del transito per rilevare gli esopianeti misurando la diminuzione della luminosità di una stella quando il pianeta passa davanti. Questa diminuzione della luminosità è causata dall'oscuramento di parte della luce della stella da parte del pianeta.

Infine, le radiazioni elettromagnetiche vengono utilizzate per indagare le origini e l'evoluzione dell'Universo. La luce emessa dagli oggetti più lontani dell'Universo ci fornisce preziose informazioni sui primi istanti dell'Universo e sulla formazione delle prime strutture, come le galassie e gli ammassi di galassie. Allo stesso modo, l'analisi dei raggi cosmici ci permette di determinare la composizione dell'Universo e di misurare l'espansione dell'Universo.

Le onde gravitazionali

Le onde gravitazionali sono perturbazioni dello spazio-tempo che si propagano alla velocità della luce e sono prodotte da oggetti massicci in movimento. Furono predette dalla teoria della relatività generale di Albert Einstein nel 1916, ma ci volle quasi un secolo per la loro prima rilevazione diretta nel 2015 mediante il rivelatore LIGO.

Queste onde sono generate da eventi astronomici violenti, come collisioni di buchi neri, fusioni di stelle di neutroni o supernovae, che disturbano lo spazio-tempo e creano onde che si propagano in tutte le direzioni. Le onde gravitazionali possono quindi fornire informazioni preziose su fenomeni cosmici che non possono essere osservati in altri modi.

Le onde gravitazionali hanno anche permesso di studiare oggetti astrofisici come buchi neri e stelle di neutroni in modo senza precedenti. Infatti, questi oggetti sono così massicci e i loro campi gravitazionali sono così intensi che deformano lo spazio-tempo intorno a loro e creano onde gravitazionali rilevabili. La rilevazione di queste onde permette di misurare le proprietà di questi oggetti, come la loro massa, il loro spin, la loro distanza e la loro orientazione.

La rivelazione delle onde gravitazionali permette anche di comprendere meglio l'Universo. Ad esempio, la rivelazione delle onde gravitazionali prodotte dalla fusione di buchi neri ha confermato l'esistenza di questi misteriosi oggetti, che non possono essere osservati direttamente. Le onde gravitazionali possono anche fornire informazioni sulla densità e la distribuzione della materia nell'Universo, così come sui processi cosmici come la formazione e l'evoluzione delle galassie.

Rilevare le onde gravitazionali è un'impresa difficile, poiché le onde sono estremamente deboli e sono annegate nel rumore di fondo dell'Universo. Per rilevarle, sono necessari strumenti ad alta precisione. Attualmente il LIGO, situato negli Stati Uniti, è il rivelatore più sensibile al mondo. Altri rivelatori, come il Virgo in Italia e il KAGRA in Giappone, sono anche in funzione o in fase di costruzione. L'uso di più rivelatori consente di triangolare le fonti di onde gravitazionali per una migliore localizzazione e caratterizzazione.

La rivelazione delle onde gravitazionali apre anche nuove prospettive per la fisica fondamentale. Ad esempio, la rivelazione dell'onda gravitazionale GW170817 nel 2017, prodotta dalla fusione di due stelle di neutroni, ha permesso di confermare che le onde gravitazionali e la luce viaggiano alla stessa velocità e ha fornito indizi sulla struttura interna delle stelle di neutroni.

L'origine et l'évolution de l'Univers

Il Big Bang e i primi istanti

Il Big Bang è il modello cosmologico dominante che spiega l'origine e l'evoluzione dell'Universo come lo conosciamo oggi. Secondo questa teoria, l'Universo ha avuto inizio da uno stato estremamente denso e caldo circa 13,8 miliardi di anni fa.

Durante i primi istanti del Big Bang, l'Universo era riempito da un plasma di particelle subatomiche in rapido movimento e costante collisione. Durante questo periodo, l'Universo era estremamente caldo e denso e le forze elettromagnetiche e nucleari erano fondamentalmente unificate.

Dopo poche frazioni di secondo, l'Universo si è raffreddato ed espanso rapidamente, diventando sempre più grande e meno denso. Le particelle subatomiche hanno cominciato a combinarsi per formare protoni e neutroni, che a loro volta si sono associati per formare nuclei atomici. Questo processo ha portato alla formazione di elio e litio, oltre ad altri elementi più pesanti.

Dopo circa 380.000 anni, l'Universo si era sufficientemente raffreddato perché gli elettroni e i nuclei potessero combinarsi per formare atomi neutri. Ciò ha portato al rilascio della radiazione cosmica, ancora oggi rilevabile sotto forma di radiazione cosmica di fondo diffusa.

Nel corso del tempo, la materia si è aggregata in strutture più grandi come galassie, ammassi di galassie e superammassi. L'espansione dell'Universo prosegue ancora oggi, sebbene il suo tasso si sia rallentato a causa dell'attrazione gravitazionale reciproca delle galassie.

Nonostante il Big Bang sia un modello cosmologico estremamente ben supportato da osservazioni e dati sperimentali, ci sono ancora molte domande irrisolte. Ad esempio, non sappiamo ancora cosa abbia innescato il Big Bang né cosa sia avvenuto nei primi istanti dell'Universo.

In definitiva, lo studio dell'origine e dell'evoluzione dell'Universo è un'impresa complessa ed affascinante che coinvolge teorie complesse, osservazioni astrofisiche e simulazioni al computer. Tuttavia, comprendendo i primi istanti del Big Bang, possiamo comprendere meglio come il nostro Universo sia evoluto fino a diventare ciò che è oggi.

La formazione delle prime strutture

La formazione delle prime strutture dell'Universo è una fase cruciale nella storia dell'astronomia e della cosmologia. Segna l'inizio della formazione di galassie, ammassi e superammassi di galassie che popolano il nostro Universo osservabile.

L'Universo ha avuto inizio in uno stato estremamente denso e caldo chiamato Big Bang. Man mano che l'Universo si espandeva e raffreddava, la densità e la temperatura diminuivano, consentendo alla materia di condensarsi in strutture più grandi. Le prime strutture a formarsi erano ammassi di gas che iniziavano a contrarsi a causa della gravità.

Man mano che gli ammassi di gas si contraggono, la loro temperatura e densità aumentano, innescando la fusione nucleare che produce luce e calore. Questi oggetti erano i primi a brillare nell'Universo, emettendo radiazioni che sono state rilevate sotto forma di luce visibile, onde radio e altre forme di energia.

Gli ammassi di gas continuano a crescere in dimensioni e massa fino a quando la loro gravità diventa sufficientemente forte da formare stelle individuali a partire dal gas. Queste stelle producono ancora più luce e calore, consentendo agli ammassi di gas di continuare a crescere e a condensarsi in strutture sempre più grandi.

Col passare del tempo, queste strutture si sono raggruppate per formare galassie. Le galassie sono ammassi di stelle, gas e polvere che sono legati insieme dalla gravità. Possono assumere diverse forme, come spirali, ellittiche e irregolari, e spesso contengono buchi neri supermassicci al centro.

Anche le galassie si raggruppano per formare ammassi di galassie, che sono le più grandi strutture dell'Universo osservabile. Gli ammassi di galassie possono contenere centinaia, persino migliaia di galassie e sono legati insieme dalla gravità.

La formazione delle prime strutture dell'Universo è quindi un processo complesso che coinvolge la gravità, la fusione nucleare e la produzione di luce e calore. Ha dato origine all'Universo che conosciamo oggi, con le sue galassie, ammassi e superammassi di galassie. Questa affascinante storia dell'Universo ci aiuta a comprendere il nostro posto nel cosmo e ci invita a continuare a esplorare e studiare lo spazio che ci circonda.

L'espansione dell'Universo e la costante di Hubble

L'espansione dell'Universo è uno dei risultati più notevoli dell'astronomia moderna. Si basa sull'osservazione di galassie lontane che si allontanano da noi a velocità sempre maggiori. Questa osservazione ha portato alla formulazione della legge di Hubble, che descrive l'espansione dell'Universo.

La legge di Hubble afferma che la velocità di allontanamento di una galassia è proporzionale alla sua distanza. Ciò significa che più una galassia è lontana da noi, più si allontana velocemente. Questa osservazione è coerente con l'ipotesi che l'Universo sia in espansione costante dal Big Bang. Le prime osservazioni della legge di Hubble sono state effettuate da Edwin Hubble nel 1929.

La costante di Hubble è una misura della velocità di espansione dell'Universo. È espressa in unità di chilometri al secondo per megaparsec. Il valore di questa costante è stato misurato più volte, con metodi diversi, e attualmente si stima intorno a 70 km/s/Mpc. Ciò significa che per ogni megaparsec (3,26 milioni di anni luce) di distanza tra due punti nell'Universo, la velocità di espansione aumenta di 70 km/s.

La costante di Hubble ha profonde implicazioni per la nostra comprensione dell'Universo nel suo insieme. Implica che l'Universo ha avuto un inizio, il Big Bang, ed è in evoluzione costante da allora. Suggerisce anche che l'Universo è finito ma illimitato, cioè non ha un limite fisico nella sua estensione, ma potrebbe essere infinito.

Tuttavia, la costante di Hubble non è davvero costante, ma varia a seconda dell'epoca dell'Universo in cui la osserviamo. Ad esempio, l'espansione dell'Universo era più rapida in passato rispetto a oggi. Le misurazioni della costante di Hubble sono state affinate nel corso degli anni e sono ancora oggetto di dibattito e discussione.

L'espansione dell'Universo ha anche implicazioni per l'origine e l'evoluzione delle galassie. Infatti, l'espansione dell'Universo significa che le galassie si allontanano l'una dall'altra, con conseguente diminuzione della densità dell'Universo. Questa riduzione della densità può influenzare la formazione e l'evoluzione delle galassie nel corso del tempo.

La costante di Hubble è importante per determinare l'età dell'Universo, stimata a circa 13,8 miliardi di anni. Viene anche utilizzata per stimare le distanze degli oggetti astronomici lontani, nonché per studiare l'evoluzione dell'Universo nel suo insieme.

È importante notare che la costante di Hubble non è davvero costante, ma varia a seconda dell'epoca dell'Universo in cui la osserviamo. Ad esempio, l'espansione dell'Universo era più rapida in passato rispetto a oggi.

L'astronomia extrasolare e la ricerca di vita extraterrestre

I biomarcatori e la rilevazione della vita

I biomarcatori sono indicatori della presenza di vita che possono essere rilevati a distanza. Sono considerati prove indirette di vita in quanto indicano che alcune proprietà fisiche e chimiche della vita come la conosciamo possono essere osservate su altri pianeti.

Gli scienziati cercano biomarcatori affidabili per rilevare la presenza di vita extraterrestre, ma la rilevazione dei biomarcatori è una sfida tecnologica complessa. I biomarcatori più cercati sono i gas come l'ossigeno, il metano e l'ammoniaca. L'ossigeno è prodotto dalla fotosintesi delle piante mentre il metano è prodotto dalla decomposizione della materia organica e può anche essere emesso da microrganismi metanogeni. L'ammoniaca è prodotta dalla decomposizione delle proteine e può essere utilizzata da alcuni microrganismi come fonte di energia.

Tuttavia, la presenza di questi gas non può essere considerata una prova assoluta di vita in quanto possono essere prodotti anche da processi non biologici. Pertanto, gli scienziati cercano biomarcatori più affidabili come molecole organiche complesse specifiche per la vita.

Un esempio di tale molecola è l'amminoacido, che è la base delle proteine. Le proteine sono fondamentali per la vita e vengono prodotte esclusivamente da organismi viventi. Gli scienziati cercano anche acidi nucleici come il DNA e l'RNA, che sono alla base della riproduzione e dell'evoluzione biologica. La presenza di queste molecole organiche complesse può essere considerata una prova più solida di vita.

Tuttavia, la rilevazione dei biomarcatori è una sfida tecnologica significativa in quanto devono essere rilevati a distanza, in ambienti estremi e in quantità estremamente basse. Gli scienziati stanno attualmente sviluppando nuove tecniche per rilevare questi biomarcatori, come la spettroscopia e la cromatografia, che consentono di rilevare molecole specifiche nei campioni.

È importante notare che la vita può assumere forme molto diverse da quelle che conosciamo e che i biomarcatori che stiamo cercando potrebbero non essere rilevanti per altre forme di vita. Pertanto, la ricerca di vita extraterrestre deve essere condotta con grande prudenza e apertura mentale. Gli scienziati devono essere pronti ad accettare forme di vita inaspettate e sviluppare nuovi metodi di rilevazione per trovarle.

I progetti di ricerca SETI e i segnali extraterrestri

I progetti di ricerca SETI (Search for Extra-Terrestrial Intelligence) hanno l'obiettivo di rilevare segnali provenienti da civiltà extraterrestri nello spazio. Queste ricerche si basano sull'ipotesi che se la vita esiste su altri pianeti, alcune di queste civiltà potrebbero anche aver sviluppato tecnologie di comunicazione.

La ricerca SETI è in corso da diverse decadi, ma finora non è stato ancora rilevato alcun segnale chiaro. Ciò non significa che siamo soli nell'universo, ma semplicemente che la ricerca è complessa e richiede risorse considerevoli. Gli scienziati utilizzano diverse metodologie per cercare segnali, tra cui l'osservazione delle onde radio e la ricerca ottica.

Uno dei progetti più noti della ricerca SETI è il programma SETI@home. Si tratta di un progetto di calcolo distribuito in cui volontari di tutto il mondo possono scaricare un software sul proprio computer che utilizza la potenza di calcolo inutilizzata per analizzare dati radioastronomici alla ricerca di segnali extraterrestri. Questo progetto ha consentito di elaborare una quantità incredibile di dati, ma finora non ha ancora permesso di rilevare un segnale chiaro.

Altri progetti di ricerca SETI includono il programma Breakthrough Listen, che utilizza telescopi per cercare segnali su diverse frequenze radio e il progetto Laser SETI, che cerca segnali ottici anziché radio. Progetti più recenti come il progetto Galileo, che ha lanciato il suo primo telescopio nel 2021, si concentrano sull'utilizzo dell'intelligenza artificiale per analizzare grandi quantità di dati nella speranza di rilevare segnali extraterrestri.

Tuttavia, la ricerca SETI è complessa e presenta sfide significative. In primo luogo, i segnali che stiamo cercando potrebbero essere molto deboli e difficili da rilevare. Inoltre, non sappiamo com'è un segnale extraterrestre, quindi è difficile sapere esattamente cosa cercare. Infine, anche se viene rilevato un segnale, ciò non significa necessariamente che provenga da una civiltà extraterrestre. Potrebbero esserci spiegazioni naturali o terrestri per quel segnale.

Nonostante queste sfide, la ricerca SETI rimane un'affascinante impresa per gli scienziati e gli appassionati di astronomia. La possibilità di scoprire una civiltà extraterrestre affascina l'umanità da secoli e la ricerca SETI potrebbe portarci un po' più vicini a questa scoperta. Alla fine, che rileviamo o meno segnali extraterrestri, la ricerca SETI ci aiuta a comprendere meglio il nostro posto nell'universo e ad apprezzare la bellezza e la complessità dello spazio che ci circonda.

Le missioni di esplorazione spaziale e la ricerca di vita nel sistema solare

La ricerca di vita nel sistema solare è uno dei principali obiettivi delle missioni di esplorazione spaziale. Gli scienziati cercano prove di vita passata o presente su corpi celesti come Marte, Europa, Encelado e Titano. Questa ricerca è motivata dall'idea che la vita potrebbe essere apparsa altrove nell'universo e che la scoperta di vita extraterrestre avrebbe importanti implicazioni per la nostra comprensione della vita e dell'universo.

Le missioni di esplorazione spaziale hanno portato alla scoperta di molte prove che suggeriscono che potrebbe essere esistita vita su Marte in passato. Le rocce marziane contengono minerali che possono formarsi solo in presenza di acqua liquida, suggerendo che il pianeta rosso abbia avuto oceani e fiumi in passato. Inoltre, le missioni hanno scoperto tracce di metano nell'atmosfera di Marte, che potrebbero essere prodotte da forme di vita microbiche.

Anche le lune ghiacciate di Giove e Saturno, come Europa, Encelado e Titano, sono obiettivi potenziali per la ricerca della vita. Osservazioni hanno dimostrato che queste lune hanno oceani sotterranei di acqua liquida, che potrebbero essere abitabili. Le missioni proposte per esplorare queste lune potrebbero cercare segni di vita analizzando campioni di acqua o cercando molecole organiche che potrebbero essere associate a forme di vita.

Oltre alle missioni di esplorazione planetaria, la ricerca di vita extraterrestre è condotta anche attraverso telescopi spaziali e osservazioni dalla Terra. Telescopi come il Telescopio Spaziale Hubble e il Telescopio James Webb sono progettati per studiare le atmosfere degli esopianeti e cercare segni di vita, come la presenza di ossigeno.

La ricerca di vita nel sistema solare e oltre è un campo affascinante e in continua evoluzione dell'astronomia. Le future missioni di esplorazione spaziale, come la missione di ritorno dei campioni di Marte e la missione Europa Clipper, dovrebbero fornire nuove informazioni sulle possibilità di esistenza di vita su altri corpi celesti. Tuttavia, anche se non verrà trovata vita, queste missioni contribuiranno a approfondire la nostra comprensione della storia e della diversità del nostro sistema solare e dell'universo.

L'esplorazione spaziale

La storia dell'esplorazione abitata

La storia dell'esplorazione abitata è una delle più affascinanti dell'umanità. Dal primo passo dell'uomo sulla Luna nel 1969, abbiamo continuato ad esplorare il nostro sistema solare e oltre. Questa sezione esamina gli eventi più importanti dell'esplorazione spaziale abitata e le sfide che abbiamo dovuto affrontare per raggiungerli.

Il 12 aprile 1961, il cosmonauta sovietico Yuri Gagarin divenne il primo uomo a viaggiare nello spazio, compiendo un volo orbitale intorno alla Terra a bordo della capsula Vostok 1. Meno di un mese dopo, il 5 maggio 1961, il presidente americano John F. Kennedy annunciò che gli Stati Uniti avrebbero inviato un uomo sulla Luna entro la fine del decennio.

I primi passi verso questo obiettivo furono compiuti dal programma Gemini, che sviluppò tecniche di volo spaziale abitato in orbita terrestre. Le missioni Gemini culminarono con il volo storico della missione Gemini 8 nel 1966, che fu la prima missione a collegare due veicoli spaziali in orbita.

Il programma Apollo fu lanciato nel 1967, con l'obiettivo di inviare astronauti sulla Luna. Il primo volo abitato del programma Apollo, Apollo 7, ebbe luogo nell'ottobre 1968 e permette di testare le tecniche di volo in orbita terrestre bassa. Il primo volo abitato della missione Apollo sulla Luna, Apollo 8, fu lanciato nel dicembre 1968 e permise di effettuare un sorvolo della Luna.

Il volo storico dell'Apollo 11 nel luglio 1969 permise a Neil Armstrong e Buzz Aldrin di diventare i primi uomini a camminare sulla Luna. Questo evento segnò l'apice del programma Apollo e fu considerato uno dei momenti più importanti della storia dell'umanità.

Dopo il programma Apollo, la NASA si è concentrata sullo space shuttle, progettato per fornire un accesso più economico allo spazio. La prima missione dello space shuttle, STS-1, fu lanciata nell'aprile 1981 e permise di testare le tecniche di volo dello shuttle.

Negli anni successivi, lo space shuttle fu utilizzato per mettere in orbita satelliti, svolgere missioni di ricerca scientifica e costruire la Stazione Spaziale Internazionale (ISS). La costruzione dell'ISS iniziò nel 1998 e fu completata nel 2011.

Parallelamente, i sovietici continuarono il loro programma spaziale con missioni abitate, tra cui la stazione spaziale Mir, in servizio dal 1986 al 2001. Nel 2000, la Russia si unì agli Stati Uniti, all'Europa, al Canada e al Giappone nella costruzione dell'ISS.

Dopo la fine del programma dello space shuttle nel 2011, gli Stati Uniti si sono concentrati sullo sviluppo di nuove navicelle spaziali per trasportare astronauti verso l'ISS e oltre. Aziende private come SpaceX stanno sviluppando nuove navicelle spaziali, come la Crew Dragon, che ha effettuato la sua prima missione con equipaggio a maggio 2020. Altre aziende, come Boeing, stanno anche sviluppando nuove navicelle spaziali per il trasporto di astronauti.

Oltre ai voli in orbita terrestre bassa, i viaggi interplanetari sono anche un obiettivo chiave dell'esplorazione spaziale abitata. Nel 1971, la missione sovietica Mars 3 fu la prima a atterrare su Marte, anche se non riuscì a trasmettere dati per molto tempo. Da allora, diverse missioni della NASA sono state inviate su Marte, tra cui il rover Perseverance, che è atterrato sul pianeta rosso nel febbraio 2021.

Oltre al nostro sistema solare, gli esseri umani hanno anche inviato sonde verso destinazioni come i pianeti esterni, le comete e gli asteroidi. La sonda Voyager 1, lanciata nel 1977, ha lasciato il sistema solare nel 2012 e continua a trasmettere dati sullo spazio interstellare.

L'esplorazione spaziale abitata ha portato a molte importanti scoperte sullo spazio e sul nostro posto nell'Universo. Ha anche stimolato lo sviluppo di tecnologie avanzate in molti settori, come la medicina, l'informatica e l'ingegneria.

Tuttavia, l'esplorazione spaziale abitata presenta anche molte sfide, tra cui la sicurezza degli astronauti, la gestione dei rifiuti spaziali e la necessità di mantenere un equilibrio tra l'esplorazione spaziale e la protezione dell'ambiente terrestre.

Nonostante queste sfide, l'esplorazione spaziale abitata continuerà ad essere un obiettivo importante per l'umanità, poiché ci consente di comprendere meglio lo spazio e il nostro posto nell'Universo e può anche aiutarci a rispondere a domande fondamentali sulla vita, l'origine dell'Universo e il nostro futuro come specie.

Prospettive per l'esplorazione abitata

L'esplorazione abitata è uno dei campi più affascinanti dell'astronomia. Dall'atterraggio dell'uomo sulla Luna nel 1969, l'umanità non ha smesso di sognare di andare ancora più lontano nell'esplorazione dello spazio. Le prospettive per l'esplorazione abitata sono ambiziose e promettenti, ma anche complesse e costose.

Le missioni spaziali abitate permettono agli astronauti di andare più lontano nello spazio rispetto alle sonde e ai telescopi. Offrono l'opportunità di studiare le condizioni di vita al di fuori della Terra, testare nuove tecnologie e preparare le future missioni di esplorazione. Le prospettive per l'esplorazione abitata sono quindi molto promettenti.

Le prossime missioni spaziali abitate includono il ritorno sulla Luna e l'invio di esseri umani su Marte. Queste missioni saranno molto costose, ma potrebbero apportare importanti progressi nella comprensione dello spazio e nello sviluppo tecnologico. Le agenzie spaziali come la NASA, l'ESA e Roscosmos stanno attualmente lavorando a programmi ambiziosi per realizzare queste missioni.

Il ritorno sulla Luna è previsto nei prossimi anni, con la missione Artemis della NASA che mira a inviare la prima donna sulla Luna nel 2024. Questa missione permetterà di testare nuove tecnologie e preparare future missioni su Marte. Infatti, la Luna è un punto di partenza ideale per le missioni verso Marte, poiché consente di effettuare test in condizioni simili a quelle che si incontreranno sul pianeta rosso.

L'invio di esseri umani su Marte è uno dei progetti più ambiziosi nella storia dell'esplorazione spaziale. Questa missione richiede tecnologie all'avanguardia e costi considerevoli. Le agenzie spaziali stanno attualmente lavorando allo sviluppo di tecnologie per supportare la vita umana su Marte, come sistemi di rigenerazione dell'aria e dell'acqua, sistemi di protezione dalle radiazioni e mezzi per la produzione di energia sul posto.

Queste missioni sono sfide incredibili, ma potrebbero portare conoscenze cruciali per il futuro dell'umanità. L'esplorazione abitata è un'impresa rischiosa, ma anche appassionante. Ispirano intere generazioni a scoprire ed esplorare l'universo. Le prospettive per l'esplorazione abitata sono quindi importanti non solo per la scienza, ma anche per la cultura e la società in generale.

Le missioni robotiche

Le missioni robotiche sono uno dei modi più importanti ed efficaci per studiare ed esplorare lo spazio. I robot sono stati utilizzati per esplorare corpi celesti come la Luna, Marte, gli asteroidi e le comete, nonché per studiare l'ambiente spaziale ed effettuare osservazioni astronomiche.

Le missioni robotiche hanno diversi vantaggi rispetto alle missioni abitate. Sono meno costose, più sicure e più flessibili in termini di tempo e di portata. Inoltre, i robot possono svolgere compiti che sarebbero pericolosi o impossibili per gli esseri umani, come entrare in contatto con corpi celesti con condizioni ostili.

I robot spaziali sono dotati di numerosi strumenti scientifici come telecamere, spettrometri, analizzatori di particelle, trapani, bracci robotici e strumenti di misurazione. Questi strumenti consentono ai robot di raccogliere dati sull'ambiente spaziale, la geologia, la chimica e la meteorologia dei corpi celesti.

Le missioni robotiche hanno prodotto numerose importanti scoperte nell'astronomia e nella scienza planetaria. Ad esempio, la missione Mars Rover ha permesso di scoprire prove della presenza passata di acqua su Marte, nonché di scoprire minerali e rocce che suggeriscono che il pianeta rosso aveva un'atmosfera più densa in passato. Le missioni verso gli asteroidi hanno permesso di scoprire informazioni sulla composizione e la struttura di questi corpi, mentre le missioni verso le comete hanno offerto indizi sulla formazione del sistema solare.

Le missioni robotiche sono state anche utilizzate per studiare l'ambiente spaziale. I satelliti di monitoraggio terrestre e solare hanno permesso di studiare le condizioni meteorologiche, la qualità dell'aria, l'inquinamento e le radiazioni solari. I telescopi spaziali come il telescopio spaziale Hubble hanno permesso di osservare oggetti celesti in lunghezze d'onda invisibili all'occhio umano, fornendo informazioni sulla composizione, la struttura e l'evoluzione dell'Universo.

Le prossime missioni robotiche includono missioni verso la Luna, Marte e altri corpi celesti, nonché telescopi spaziali più avanzati e missioni per la ricerca di vita extraterrestre. I progressi tecnologici come l'intelligenza artificiale, la robotica autonoma e le comunicazioni più veloci consentiranno ai robot di svolgere compiti ancora più complessi e di raccogliere dati ancora più precisi.

Le sonde interplanetarie

Le sonde interplanetarie sono veicoli spaziali progettati per esplorare il nostro sistema solare inviando informazioni e immagini dettagliate dei pianeti, delle lune, degli asteroidi e delle comete. Queste sonde sono progettate per resistere alle condizioni estreme dello spazio e per operare autonomamente per anni.

Il primo grande successo dell'esplorazione interplanetaria è stata la missione Voyager lanciata nel 1977. Le sonde Voyager hanno visitato i pianeti Giove, Saturno, Urano e Nettuno, fornendo informazioni senza precedenti su questi mondi lontani e le loro lune. Da allora, numerose altre sonde interplanetarie sono state lanciate per esplorare Marte, Venere, Mercurio e altri corpi celesti.

Le sonde interplanetarie sono dotate di una varietà di strumenti scientifici, come telecamere, spettrometri e magnetometri, che permettono di misurare le caratteristiche fisiche e chimiche dei corpi celesti visitati. Questi strumenti possono fornire immagini ad alta risoluzione, spettri di luce e campi magnetici, tra gli altri dati.

Le sonde interplanetarie hanno permesso numerose importanti scoperte. Ad esempio, le sonde Viking hanno rilevato prove di vita microbica su Marte, mentre la missione Cassini ha rivelato informazioni sulla struttura degli anelli di Saturno e la composizione della sua atmosfera.

Inoltre, le sonde interplanetarie hanno aiutato a comprendere la storia del nostro sistema solare. Le sonde hanno permesso di analizzare i crateri sulla superficie dei pianeti e delle lune, nonché di scoprire prove dell'esistenza di vulcani, ghiacciai e fiumi su corpi celesti una volta considerati morti.

Infine, le sonde interplanetarie svolgono un ruolo cruciale nella ricerca di vita extraterrestre. Le sonde hanno rivelato la presenza di acqua su Marte e di oceani sotto le superfici ghiacciate delle lune di Giove e Saturno. Queste scoperte suggeriscono che la vita potrebbe esistere altrove nel nostro sistema solare e ci spingono ad esplorare ulteriormente questi mondi.

I telescopi spaziali

I telescopi spaziali sono strumenti di osservazione progettati per essere inviati nello spazio e offrire una visione mozzafiato dell'universo. A differenza dei telescopi terrestri, i telescopi spaziali non sono influenzati dalle interferenze atmosferiche, il che consente di ottenere immagini molto più nitide e precise. Consentono inoltre di osservare lunghezze d'onda che non possono essere osservate dalla Terra, come i raggi X, i raggi gamma e gli infrarossi.

Il telescopio spaziale più famoso è il telescopio spaziale Hubble, lanciato nel 1990 e ancora in attività oggi. Ha permesso numerose rivoluzionarie scoperte nel campo dell'astronomia, fornendo immagini incredibilmente dettagliate di galassie lontane, misurando l'espansione dell'Universo e scoprendo nuovi pianeti al di fuori del nostro sistema solare.

Tuttavia, esistono anche altri telescopi spaziali, ognuno specializzato in un settore specifico dell'astronomia. Il telescopio spaziale Spitzer, lanciato nel 2003, è specializzato nell'osservazione dell'universo nell'infrarosso e ha rivelato dettagli inediti sui processi di formazione delle stelle e delle galassie. Il telescopio spaziale Chandra, lanciato nel 1999, è specializzato nell'osservazione dei raggi X e ha permesso di scoprire oggetti come i buchi neri supermassicci e le stelle di neutroni.

Un altro telescopio spaziale importante è il telescopio spaziale James Webb, previsto per il lancio nel 2021. Sarà il telescopio più potente mai costruito e sarà utilizzato per studiare la storia dell'Universo dai suoi albori fino ad oggi. Sarà anche utilizzato per studiare le atmosfere degli esopianeti al di fuori del nostro sistema solare, nella speranza di scoprire segni di vita extraterrestre.

I telescopi spaziali sono estremamente costosi da costruire e lanciare, ma le informazioni e le immagini che forniscono sono di valore inestimabile per la nostra comprensione dell'universo. Sono strumenti essenziali per gli astronomi professionisti, ma hanno anche permesso agli appassionati di astronomia di scoprire incredibili immagini dello spazio. Con l'avanzamento della tecnologia, ci aspettiamo nuove scoperte e incredibili progressi grazie a questi telescopi spaziali nei prossimi anni.

Le sfide dell'esplorazione spaziale e le tecnologie emergenti

L'esplorazione spaziale rappresenta una sfida tecnologica e finanziaria senza precedenti. Le missioni spaziali richiedono enormi investimenti e tecnologie all'avanguardia per realizzare missioni complesse e rischiose. Tuttavia, i benefici dell'esplorazione spaziale sono molteplici, e le tecnologie emergenti possono contribuire a risolvere alcune delle sfide più urgenti del nostro tempo.

La principale sfida dell'esplorazione spaziale è consentire agli esseri umani di viaggiare nello spazio in sicurezza e in modo sostenibile. A tal fine, sono necessarie numerose tecnologie, come sistemi di propulsione avanzati, materiali leggeri e resistenti, sistemi di sopravvivenza autonomi e sistemi di comunicazione e navigazione efficienti. Le tecnologie emergenti come la propulsione elettrica, la nanotecnologia e l'intelligenza artificiale possono contribuire a superare questa sfida riducendo i costi e migliorando l'efficienza delle missioni.

Un'altra sfida importante è la protezione degli astronauti

dalle radiazioni cosmiche. Le radiazioni ionizzanti possono danneggiare le cellule e i tessuti, aumentando il rischio di cancro e altre malattie. Sono necessarie soluzioni innovative per proteggere gli astronauti dalle radiazioni, come materiali di schermatura più efficaci o mezzi per deviare le radiazioni ionizzanti. Le tecnologie emergenti come i metamateriali e la bioingegneria potrebbero offrire soluzioni a questo problema.

L'esplorazione spaziale può anche contribuire a risolvere alcuni dei problemi più urgenti del nostro tempo, come il cambiamento climatico, la sicurezza alimentare e le limitate risorse naturali. Le tecnologie emergenti come l'agricoltura indoor, la produzione di energia solare nello spazio e l'estrazione mineraria degli asteroidi potrebbero offrire soluzioni sostenibili a questi problemi.

Infine, l'esplorazione spaziale può ispirare una nuova generazione di scienziati e ingegneri. Le missioni spaziali hanno catturato l'immaginazione delle persone da decenni e hanno stimolato l'innovazione e la ricerca scientifica in molti settori. Le tecnologie emergenti come la realtà virtuale e la realtà aumentata possono contribuire a rendere l'esplorazione spaziale più accessibile e a ispirare le giovani generazioni a intraprendere una carriera nelle scienze e nelle tecnologie.

L'impatto dell'astronomia sulla società e la cultura

Astronomia e filosofia

L'astronomia e la filosofia hanno una lunga storia comune. Fin dall'Antichità, i filosofi si sono posti domande sulla natura dell'Universo e sul nostro posto al suo interno. L'astronomia, d'altra parte, ha fornito risposte a alcune di queste domande, mentre ne ha poste di nuove. In questa sezione, esploreremo i legami tra astronomia e filosofia, così come le domande che entrambe le discipline si pongono.

L'astronomia è stata a lungo considerata un ramo della filosofia naturale, che studia le leggi che governano l'Universo. I primi astronomi erano anche filosofi, che cercavano di comprendere l'ordine del cosmo e il ruolo dell'umanità al suo interno. Ad esempio, gli astronomi dell'antica Grecia hanno sviluppato modelli del mondo che hanno influenzato il pensiero filosofico per secoli.

Oggi, l'astronomia è una disciplina scientifica a sé stante, che utilizza metodi empirici e osservazioni per comprendere l'Universo. Tuttavia, l'astronomia continua a ispirare riflessioni filosofiche sul nostro posto nell'Universo e sul significato della nostra esistenza. Le scoperte astronomiche hanno spesso messo in discussione le credenze tradizionali sulla natura dell'Universo e della vita.

Una questione filosofica importante sollevata dall'astronomia riguarda l'esistenza della vita nell'Universo. Gli astronomi cercano attivamente segni di vita su altri pianeti, ma ciò solleva anche interrogativi sul significato della vita e sul nostro posto nell'Universo. Se la vita esiste altrove nell'Universo, significa che la nostra esistenza è meno speciale e meno significativa?

L'astronomia può anche portarci a riflettere su argomenti più metafisici, come l'esistenza di Dio e la natura dell'Universo. Gli astronomi hanno scoperto prove convincenti dell'esistenza del Big Bang, che ha dato origine all'Universo come lo conosciamo oggi. Questa scoperta ha posto domande sull'origine dell'Universo e sulla possibilità di un creatore o di una forza superiore che abbia scatenato il Big Bang.

Inoltre, l'astronomia può anche portarci a riflettere su argomenti più etici. Ad esempio, l'osservazione delle stelle e delle galassie lontane può ricordarci l'importanza di proteggere il nostro ambiente e preservare la bellezza naturale del nostro pianeta. Allo stesso modo, la ricerca di segni di vita extraterrestre solleva interrogativi su come potremmo comunicare con esseri di una cultura e un'intelligenza diverse dalla nostra.

Educazione e divulgazione in astronomia

L'educazione e la divulgazione in astronomia sono campi cruciali per consentire al grande pubblico di comprendere e apprezzare le meraviglie dell'universo. Ecco perché molti astronomi e scienziati si impegnano a rendere l'astronomia accessibile a tutti.

A tal fine, sono state sviluppate diverse approcci. Uno di questi è l'organizzazione di conferenze, corsi e laboratori per scuole, college e università, nonché per gruppi comunitari e associazioni di astronomia amatoriale. Questi eventi permettono ai partecipanti di scoprire le ultime scoperte in astronomia, porre domande agli esperti e impegnarsi in attività pratiche, come l'osservazione delle stelle e dei pianeti.

Un altro approccio è la divulgazione dell'astronomia attraverso i media, come libri, riviste e siti web specializzati. Le trasmissioni televisive e radiofoniche sull'astronomia hanno guadagnato popolarità negli ultimi anni, offrendo al pubblico un'occasione unica per conoscere meglio l'universo.

È anche importante utilizzare tecniche di comunicazione efficaci per trasmettere informazioni sull'astronomia. Le analogie e le metafore sono strumenti utili per semplificare concetti complessi. Ad esempio, per spiegare la relatività generale di Einstein, si può utilizzare l'analogia di un foglio di gomma tesa che si deforma sotto il peso di un oggetto, creando una curvatura nello spazio-tempo.

Infine, l'uso di software informatici, come planetari virtuali e simulatori di osservazione, può anche contribuire a rendere l'astronomia più accessibile. Questi strumenti consentono alle persone di osservare fenomeni astronomici difficili da osservare direttamente, come i movimenti dei pianeti e delle stelle nel cielo.

L'educazione e la divulgazione in astronomia hanno anche un impatto sulla cultura e la società. L'astronomia ha ispirato numerosi artisti, scrittori e poeti nel corso dei secoli. Ad esempio, le costellazioni sono state utilizzate nella mitologia e nelle storie popolari fin dall'antichità. Oggi, le rappresentazioni visive dell'universo vengono utilizzate in film e opere di finzione per stimolare l'immaginazione del pubblico.

I fondamentali dell'osservazione del cielo per l'astronomo amatoriale

I fondamentali dell'osservazione a occhio nudo

L'osservazione a occhio nudo è il metodo più antico e semplice per scoprire le meraviglie del cielo notturno. Non richiede costosi attrezzi, solo un po' di pazienza e competenza. In questa sezione, scopriremo i fondamenti dell'osservazione a occhio nudo e come trarre il massimo da questo metodo di osservazione astronomica.

La prima cosa da sapere è che l'osservazione a occhio nudo è migliore in luoghi bui e lontani da qualsiasi inquinamento luminoso. Se vivi in città, potrebbe essere difficile trovare un luogo adatto. Parchi, colline e montagne sono buoni posti per osservare il cielo notturno. Puoi anche contattare club di astronomia locali per scoprire i migliori siti di osservazione nella tua zona.

Una volta sul posto, puoi iniziare ad osservare il cielo. Le costellazioni sono il modo più semplice per orientarsi nel cielo notturno. Sono gruppi di stelle che sono state denominate in base a forme o personaggi mitologici. Le costellazioni più famose includono Orione, l'Orsa Maggiore e Cassiopea. Le costellazioni sono spesso rappresentate in mappe del cielo, che sono strumenti utili per orientarsi nel cielo.

Anche i pianeti sono visibili a occhio nudo. I cinque pianeti visibili a occhio nudo sono Mercurio, Venere, Marte, Giove e Saturno. Spesso sono gli oggetti più luminosi nel cielo notturno, a eccezione della Luna e del Sole. I pianeti sono visibili in momenti diversi durante l'anno, quindi è importante consultare un calendario astronomico per sapere quando osservarli.

Le stelle sono anche un argomento affascinante per l'osservazione a occhio nudo. Le stelle sono classificate in base alla loro magnitudine, che è una misura della loro luminosità. Le stelle più luminose hanno una magnitudine negativa, mentre le stelle meno luminose hanno una magnitudine positiva. Le stelle possono anche essere raggruppate in costellazioni.

Il cielo notturno offre anche fenomeni spettacolari come le stelle cadenti e le aurore boreali. Le stelle cadenti, o meteoriti, sono detriti spaziali che bruciano entrando nell'atmosfera terrestre. Le aurore boreali sono luci colorate che si verificano quando particelle solari interagiscono con l'atmosfera terrestre.

Infine, è importante prendersi cura dei propri occhi durante l'osservazione a occhio nudo. Gli occhi hanno bisogno di almeno 20 minuti per adattarsi all'oscurità, quindi abbiate pazienza. Evitate di guardare direttamente il Sole o qualsiasi altro oggetto luminoso, poiché potrebbe causare danni permanenti alla vista.

La mappa del cielo e le costellazioni

La mappa del cielo è uno strumento essenziale per ogni astronomo, sia amatoriale che professionale. Rappresenta una vista della volta celeste, con tutte le stelle e le costellazioni visibili dalla Terra. Le mappe del cielo possono essere utilizzate per identificare stelle e costellazioni, pianificare osservazioni e sessioni di osservazione, e persino per orientarsi nel cielo notturno.

Le costellazioni sono gruppi di stelle che sono collegate tra loro per formare disegni nel cielo. Ci sono 88 costellazioni ufficiali riconosciute dall'Unione Astronomica Internazionale, ognuna con il proprio nome, storia e mitologia. Alcune delle costellazioni più famose includono l'Orsa Maggiore, Orione e Cassiopea.

Le costellazioni possono aiutare gli astronomi amatoriali a orientarsi nel cielo. Ad esempio, l'Orsa Maggiore è facilmente riconoscibile grazie alla sua caratteristica forma di un grande paiolo e può essere utilizzata per trovare altre costellazioni come l'Orsa Minore e la Stella Polare. Anche Orione è una costellazione molto visibile e facile da individuare grazie alle sue tre stelle allineate che formano la sua cintura.

Le mappe del cielo possono essere utilizzate per localizzare stelle e costellazioni specifiche. Sono solitamente divise in sezioni che rappresentano diversi momenti della notte e dell'anno, al fine di riflettere i cambiamenti nella posizione delle stelle nel tempo. Le mappe del cielo moderne sono spesso prodotte in formato digitale, consentendo agli utenti di ingrandire, ruotare e personalizzare la loro vista del cielo.

Per utilizzare una mappa del cielo, è importante comprendere concetti di base come la latitudine e la longitudine celesti, le coordinate equatoriali, la magnitudine delle stelle e i diversi tipi di telescopi e strumenti di osservazione. È anche utile conoscere le effemeridi dei pianeti, delle comete e di altri oggetti celesti per poterli individuare nel cielo.

In definitiva, la mappa del cielo e le costellazioni possono essere strumenti affascinanti per esplorare il cielo notturno e imparare di più sull'astronomia. Che tu sia un astronomo amatoriale o professionale, l'uso delle mappe del cielo e la conoscenza delle costellazioni possono arricchire la tua esperienza di osservazione e aiutarti a scoprire i misteri dell'Universo.

I movimenti apparenti degli astri

I movimenti apparenti degli astri sono un argomento affascinante in astronomia, in quanto ci permettono di capire come i corpi celesti si muovono nel cielo e come le loro posizioni cambiano nel tempo. Ci sono diversi tipi di movimenti apparenti, come rotazione, rivoluzione e precessione.

La rotazione è il movimento apparente di un corpo celeste intorno al suo asse. Ad esempio, la Terra ruota su se stessa in circa 24 ore, causando il susseguirsi della notte e del giorno. Allo stesso modo, la Luna ruota su se stessa sincronicamente con la sua rivoluzione attorno alla Terra, in modo da mostrare sempre la stessa faccia al nostro pianeta.

La rivoluzione è il movimento apparente di un corpo celeste intorno a un altro corpo celeste. Ad esempio, la Terra ruota intorno al Sole in circa 365 giorni, creando così le stagioni. Allo stesso modo, la Luna ruota intorno alla Terra in circa 29 giorni, creando così le fasi lunari.

La precessione è il movimento apparente di un asse di rotazione che ruota lentamente in cerchio intorno a un punto fisso. Ad esempio, l'asse di rotazione della Terra compie una precessione completa ogni circa 26.000 anni, modificando la posizione delle stelle nel cielo nel corso del tempo.

Questi movimenti apparenti possono essere osservati e misurati utilizzando strumenti di osservazione come telescopi, binocoli e fotocamere. Sono anche importanti per capire fenomeni astronomici come eclissi, congiunzioni e opposizioni.

I binocoli e i telescopi amatoriali

I binocoli e i telescopi amatoriali sono strumenti essenziali per gli astronomi amatoriali che desiderano osservare le meraviglie del cielo notturno. I binocoli sono strumenti semplici e portatili che possono offrire una vista impressionante del cielo, mentre i telescopi consentono un'osservazione più precisa e dettagliata degli oggetti celesti. In questa sezione, esploreremo le diverse caratteristiche dei binocoli e dei telescopi amatoriali, nonché i vantaggi e i limiti di ciascuno strumento.

I binocoli sono strumenti ottici composti da due lenti che

ingrandiscono l'immagine. Possono essere utilizzati per osservare la Luna, i pianeti, le costellazioni, le stelle e gli ammassi stellari. Offrono un campo visivo più ampio rispetto ai telescopi e possono quindi consentire di osservare oggetti più estesi come la Via Lattea. I binocoli possono anche essere utili per individuare oggetti celesti prima di osservarli al telescopio. I binocoli sono strumenti portatili e a basso costo, rendendoli accessibili a un vasto pubblico.

I telescopi, d'altra parte, sono strumenti più complessi che utilizzano specchi o lenti per raccogliere e concentrare la luce. I telescopi possono essere utilizzati per osservare oggetti celesti più lontani e più dettagliati rispetto ai binocoli. Sono particolarmente utili per osservare i pianeti, le nebulose, le galassie e le stelle doppie. I telescopi possono offrire immagini più luminose e nitide degli oggetti celesti, nonché una maggiore risoluzione. I telescopi sono anche più precisi dei binocoli, rendendoli più adatti per osservare fenomeni astronomici come eclissi e transiti planetari.

Esistono diversi tipi di telescopi, ognuno con i propri vantaggi e svantaggi. I telescopi rifrattori utilizzano lenti per raccogliere la luce, mentre i telescopi riflettori utilizzano specchi. I telescopi catadiottrici combinano elementi rifrattivi e riflettenti. I telescopi Dobson sono telescopi riflettori semplici e a basso costo che offrono un grande diametro e un ampio campo visivo, mentre i telescopi con montatura equatoriale consentono un preciso inseguimento degli oggetti celesti in movimento.

È importante scegliere il telescopio appropriato per l'osservazione desiderata. I telescopi con un diametro maggiore raccolgono più luce e consentono quindi un'osservazione più dettagliata degli oggetti celesti. Tuttavia, possono essere più ingombranti e difficili da trasportare. I telescopi più piccoli possono essere più portatili, ma hanno dei limiti nell'osservazione degli oggetti celesti più deboli e lontani.

Gli accessori e i software di aiuto all'osservazione

In questa sezione, esploreremo gli accessori e i software che possono aiutare nell'osservazione astronomica. Questi strumenti possono notevolmente migliorare l'esperienza di osservazione e aiutare gli astronomi amatoriali a scoprire di più sulle meraviglie dell'universo.

I telescopi e i binocoli sono gli strumenti più comunemente utilizzati per l'osservazione astronomica, ma ci sono molti altri accessori che possono migliorare le prestazioni di questi strumenti. Gli oculari sono uno di questi accessori e possono essere utilizzati per regolare la distanza focale dello strumento, consentendo di ottenere immagini più nitide e dettagliate. Ci sono diversi tipi di oculari, ognuno con diverse caratteristiche in termini di distanza focale, campo visivo e ingrandimento. Gli oculari ad ampio campo visivo sono particolarmente utili per osservare oggetti estesi come nebulose e galassie, mentre gli oculari ad alta potenza sono utili per osservare dettagli su oggetti più piccoli come pianeti e la Luna.

I filtri sono anche comunemente utilizzati per migliorare

la visibilità di alcuni oggetti. Possono essere utilizzati per bloccare determinate lunghezze d'onda della luce, il che può aiutare a migliorare il contrasto e la visibilità di alcuni oggetti, come pianeti, nebulose e galassie. I filtri polarizzati possono anche essere utilizzati per ridurre l'abbagliamento della luce solare durante l'osservazione di oggetti vicini ad esso.

I software di aiuto all'osservazione possono anche essere utili per gli astronomi amatoriali. Le mappe del cielo, ad esempio, possono aiutare a localizzare le costellazioni, le stelle e gli altri oggetti celesti, anche nelle aree urbane in cui l'inquinamento luminoso è elevato. I programmi di pianificazione delle osservazioni possono aiutare a pianificare le sessioni di osservazione in base alle condizioni meteorologiche, alle fasi lunari e ad altri fattori. Ci sono anche applicazioni per dispositivi mobili che consentono agli astronomi amatoriali di individuare gli oggetti celesti in tempo reale semplicemente puntando il loro smartphone verso il cielo.

I software di elaborazione delle immagini sono anche importanti per gli astronomi amatoriali che desiderano migliorare la qualità delle loro immagini. Questi programmi consentono di correggere distorsioni e difetti delle immagini, aumentare il contrasto e la nitidezza degli oggetti e persino combinare più immagini per produrre immagini più dettagliate. I software di elaborazione delle immagini possono essere utilizzati per migliorare le immagini catturate con telescopi, telecamere CCD e persino smartphone.

Infine, va notato che gli accessori e i software di aiuto all'osservazione non sostituiscono l'esperienza e l'esperienza dell'osservatore. Il modo migliore per scoprire le meraviglie dell'universo è praticare l'osservazione regolarmente, familiarizzare con gli oggetti celesti e sviluppare competenze di osservazione. Gli accessori e i software dovrebbero essere utilizzati solo come strumenti complementari per migliorare l'esperienza di osservazione.

L'astrofotografia

Tecniche di base dell'astrofotografia

L'astrofotografia è una disciplina dell'astronomia che consiste nel catturare immagini del cielo notturno e degli oggetti celesti. Può essere praticata sia da astronomi amatoriali che professionisti, e consente di ottenere immagini dettagliate e affascinanti del nostro Universo. In questa sezione, esamineremo le tecniche di base dell'astrofotografia.

Innanzitutto, è importante scegliere l'attrezzatura adatta. I fotografi amatoriali possono utilizzare una fotocamera reflex digitale dotata di obiettivo grandangolare per catturare immagini del cielo notturno. Gli astronomi più esperti possono utilizzare telescopi dotati di telecamere CCD o CMOS per catturare immagini dettagliate degli oggetti celesti.

Una volta scelta l'attrezzatura, è importante trovare un luogo di osservazione adatto. Le aree rurali con poca luce artificiale sono i luoghi migliori per osservare il cielo notturno. È anche importante tenere conto delle condizioni meteorologiche e osservare quando il cielo è sereno e limpido.

Per scattare foto del cielo notturno, è importante impostare correttamente la fotocamera o la telecamera. Si consiglia di utilizzare una bassa sensibilità ISO per ridurre il rumore di fondo, un'ampia apertura per far entrare più luce e un tempo di esposizione sufficientemente lungo per catturare i dettagli del cielo notturno. È inoltre importante regolare correttamente la messa a fuoco, utilizzando la modalità di messa a fuoco manuale per assicurarsi che le stelle siano nitide e chiare.

Per catturare immagini dettagliate degli oggetti celesti, si consiglia di utilizzare tecniche avanzate di imaging, come la tecnica dell'impilamento delle immagini. Questa tecnica consiste nel prendere più immagini dello stesso oggetto celeste e combinarle per creare un'immagine più dettagliata e nitida. È anche possibile utilizzare filtri per catturare immagini a determinate lunghezze d'onda, ad esempio filtri H-alpha per catturare immagini di nebulose.

Infine, è importante elaborare le immagini catturate per ottenere il miglior risultato possibile. L'elaborazione delle immagini implica l'uso di software specializzati per regolare la luminosità, il contrasto, il bilanciamento del colore e altri parametri al fine di creare un'immagine nitida e dettagliata.

L'attrezzatura per l'astrofotografia

L'astrofotografia è una disciplina affascinante dell'astronomia che consente di catturare le meraviglie del cielo notturno e condividerle con il mondo. L'attrezzatura necessaria per realizzare immagini astrofotografiche varia a seconda degli oggetti celesti che si desidera fotografare, ma ecco gli elementi di base di cui si ha bisogno per iniziare:

Una fotocamera digitale: la fotocamera deve essere in grado di scattare pose lunghe di diversi secondi, o addirittura minuti, per catturare abbastanza luce per oggetti celesti deboli. Le fotocamere digitali moderne generalmente consentono di regolare la velocità dell'otturatore e l'ISO, che sono fondamentali per la fotografia astronomica.

Un treppiede: un treppiede stabile è necessario per evitare vibrazioni che possono causare immagini sfocate. Il treppiede deve essere robusto e facile da regolare per poter seguire i movimenti degli astri.

Un obiettivo: la scelta dell'obiettivo dipende dall'oggetto celeste che si desidera fotografare. Per gli oggetti ampi come la Via Lattea, si consiglia un obiettivo grandangolare, mentre per oggetti più piccoli come i pianeti, è preferibile un obiettivo a lunga focale.

Filtri: i filtri possono essere utilizzati per migliorare la qualità dell'immagine riducendo l'inquinamento luminoso e bloccando determinate lunghezze d'onda della luce che potrebbero interferire con l'immagine.

Un computer portatile: un computer portatile è utile per controllare la fotocamera a distanza e per catturare e elaborare le immagini.

Una montatura equatoriale motorizzata: una montatura equatoriale motorizzata è essenziale per seguire i movimenti degli astri durante le pose lunghe. La montatura deve essere in grado di seguire i movimenti della Terra per evitare che le stelle si allunghino nelle immagini.

Software per l'astrofotografia: sono necessari software specializzati per controllare la fotocamera, catturare, elaborare e impilare le immagini. I software più comuni per l'astrofotografia sono PixInsight, DeepSkyStacker e Photoshop.

L'astrofotografia può essere un hobby costoso, ma è possibile iniziare con un'attrezzatura di base e migliorare nel tempo. È importante dedicare del tempo a comprendere i principi di base dell'astrofotografia e a praticare regolarmente per migliorare le proprie competenze. Con pazienza, pratica e un'attrezzatura di qualità, è possibile catturare le meraviglie del cielo notturno e condividerle con il mondo.

L'elaborazione delle immagini in astrofotografia

La fotografia è una tecnica di osservazione essenziale in astronomia che consente di catturare e registrare immagini di oggetti celesti come stelle, nebulose, galassie e pianeti. Le immagini possono essere scattate utilizzando diversi strumenti, dai semplici apparecchi fotografici a telescopi sofisticati dotati di telecamere ad alta risoluzione.

L'elaborazione delle immagini in astrofotografia consiste in una serie di passaggi per migliorare la qualità e la chiarezza delle immagini catturate. Innanzitutto, le immagini originali devono essere corrette per eliminare difetti legati agli strumenti di osservazione e all'ambiente, come il rumore di fondo, le aberrazioni cromatiche e le distorsioni ottiche.

Successivamente, le immagini corrette possono essere elaborate per migliorarne il contrasto, la nitidezza e la risoluzione. Ciò può essere ottenuto utilizzando tecniche di elaborazione dell'immagine come l'impilamento di immagini, la convoluzione, il filtraggio e la deconvoluzione.

L'impilamento di immagini consiste nella combinazione di più immagini dello stesso oggetto celeste al fine di aumentarne la risoluzione e il rapporto segnale/rumore. Questa tecnica consente anche di compensare i difetti di inseguimento, allineando le immagini in modo che si corrispondano perfettamente.

La convoluzione e il filtraggio sono tecniche utilizzate per migliorare la nitidezza e la risoluzione delle immagini. La convoluzione consiste nell'applicare un nucleo matematico all'immagine per rafforzare i bordi e i dettagli, mentre il filtraggio consente di rimuovere il rumore e gli artefatti dall'immagine.

Infine, la deconvoluzione è una tecnica avanzata che consente di recuperare i dettagli persi durante la ripresa, eliminando gli effetti di sfocatura e diffrazione causati dagli strumenti di osservazione.

È importante notare che l'elaborazione delle immagini in astrofotografia è un campo complesso che richiede una conoscenza approfondita di fisica e matematica, nonché l'uso di software specializzati come Photoshop, PixInsight, IRIS e DeepSkyStacker...

Incontro con altri Astrogeek

I club e le associazioni di astronomia amatoriale

I club e le associazioni di astronomia amatoriale offrono
un'opportunità unica agli appassionati di astronomia di
riunirsi, condividere il proprio interesse per l'osservazione
del cielo e arricchirsi reciprocamente sul tema. Questi
gruppi sono un ottimo punto di partenza per i principianti
che vogliono imparare di più sull'astronomia e per gli
appassionati esperti che cercano di impegnarsi in progetti più
complessi.

I club di astronomia amatoriale offrono una varietà di
attività che includono serate di osservazione, conferenze,
laboratori pratici, escursioni sul campo e progetti di ricerca.
I membri hanno l'opportunità di incontrare altri appassionati
di astronomia, scambiare idee, condividere suggerimenti
e usufruire delle conoscenze e dell'esperienza degli altri
membri.

Questi club sono spesso guidati da volontari esperti,
che condividono la loro conoscenza e passione per
l'astronomia con i membri del gruppo. Possono anche offrire
supporto e consigli pratici sull'acquisto di attrezzature
per l'osservazione, sulle tecniche di astrofotografia e sulla
partecipazione a progetti di ricerca.

Oltre ai club locali, esistono anche associazioni nazionali
e internazionali di astronomia amatoriale che riuniscono
membri da tutto il mondo. Queste associazioni organizzano

spesso eventi speciali, progetti di ricerca su larga scala e competizioni che consentono ai membri di connettersi con altri appassionati di astronomia e di partecipare a progetti più ambiziosi.

I club e le associazioni di astronomia amatoriale possono anche svolgere un ruolo importante nell'educazione e nella divulgazione dell'astronomia al grande pubblico. Organizzano spesso eventi pubblici, presentazioni scolastiche e visite guidate agli osservatori per sensibilizzare il pubblico sull'importanza dell'astronomia e promuovere la scienza tra i giovani.

In fin dei conti, i club e le associazioni di astronomia amatoriale sono un modo fantastico per incontrare altri appassionati di astronomia, connettersi con esperti, partecipare a progetti di ricerca e sensibilizzare il pubblico alla bellezza e all'importanza dell'astronomia. Se sei interessato all'osservazione del cielo e cerchi una comunità con cui condividere la tua passione, unisciti a un club di astronomia amatoriale è un'ottima opzione.

Eventi e raduni di astronomia

Gli eventi e i raduni di astronomia offrono un'opportunità unica per gli appassionati di astronomia e i professionisti di incontrarsi e scambiare conoscenze. Questi eventi sono anche un'occasione per gli appassionati di astronomia di scoprire gli ultimi progressi e le nuove tecnologie nel campo.

Il più grande evento di astronomia al mondo è la conferenza

annuale della American Astronomical Society (AAS), che riunisce migliaia di ricercatori e professionisti dell'astronomia da tutto il mondo per discutere delle ultime ricerche e scoperte. Le conferenze dell'AAS sono un ottimo modo per i professionisti di fare networking e collaborare su progetti futuri.

Gli appassionati di astronomia possono anche partecipare a eventi come giornate di porte aperte negli osservatori, serate di osservazione di gruppo, conferenze pubbliche, mostre di strumenti astronomici e workshop di astrofotografia. Questi eventi sono spesso organizzati da club e associazioni di astronomia locali, che cercano di promuovere l'astronomia tra il grande pubblico e stimolare l'interesse per questa disciplina.

I festival di astronomia sono anche molto popolari, tra cui il famoso Festival della Città delle Stelle a Fleurance, in Francia, che offre laboratori per bambini, conferenze, proiezioni di film, mostre di strumenti astronomici e osservazioni del cielo notturno.

Oltre agli eventi fisici, gli incontri di astronomia possono anche avvenire online. I webinar e le chat in diretta permettono agli appassionati di astronomia di tutto il mondo di discutere e porre domande ai professionisti dell'astronomia. I forum online e i gruppi di discussione sui social media offrono anche una piattaforma per lo scambio di informazioni e le discussioni su vari argomenti astronomici.

Il coinvolgimento degli appassionati nella ricerca astronomica

L'astronomia è una scienza che appassiona molti amatori in tutto il mondo. Ma lontano dal essere solo osservatori, questi ultimi possono apportare un vero contributo alla ricerca astronomica. Infatti, gli amatori possono aiutare gli astronomi professionisti in molti campi, utilizzando le proprie attrezzature per misurazioni precise o partecipando a progetti di ricerca.

L'osservazione di stelle variabili è uno dei settori in cui gli amatori possono contribuire in modo significativo alla ricerca astronomica. Monitorando regolarmente la luminosità delle stelle, gli amatori possono aiutare a identificare nuovi tipi di stelle variabili o a comprendere meglio l'evoluzione delle stelle. Allo stesso modo, la ricerca di nuove comete è un'attività che può essere svolta dagli amatori, utilizzando piccoli telescopi per esplorare le regioni del cielo più promettenti per la scoperta di questi oggetti.

Gli amatori possono anche aiutare a confermare o smentire le recenti scoperte degli astronomi professionisti, confrontando le loro osservazioni con quelle dei professionisti e segnalando eventuali differenze o incongruenze. Possono inoltre contribuire ad aumentare la precisione delle misurazioni, utilizzando le loro stesse attrezzature per misurazioni fotometriche o spettroscopiche, ad esempio.

Inoltre, esistono progetti di ricerca che coinvolgono direttamente la partecipazione degli amatori. Il progetto Zooniverse è un esempio di tale progetto. Consente agli amatori di classificare immagini di oggetti astronomici su larga scala, aiutando gli astronomi professionisti a identificare nuovi tipi di oggetti e scoprire nuove strutture nell'Universo. Gli amatori possono anche partecipare a progetti di ricerca su pianeti extrasolari, aiutando gli scienziati a ordinare i dati ottenuti dai telescopi spaziali come Kepler o TESS.

Infine, gli amatori possono contribuire alla ricerca utilizzando tecniche di astrofotografia per produrre immagini di alta qualità di oggetti astronomici. Queste immagini possono essere utilizzate dagli astronomi professionisti per studiare la struttura e la composizione degli oggetti, nonché per comprendere meglio i processi fisici che si verificano nell'Universo. Gli amatori possono anche aiutare a individuare nuovi fenomeni, come novae o supernovae, confrontando le proprie immagini con quelle dei professionisti e segnalando eventuali variazioni insolite.

Sfide e prospettive future dell'astronomia

Grandi progetti astronomici e missioni spaziali

L'astronomia è una scienza in costante evoluzione che ci rivela sempre di più ogni anno sull'universo che ci circonda. I progetti astronomici e le missioni spaziali svolgono un ruolo cruciale in questo progresso. In questa sezione esamineremo alcuni dei progetti più ambiziosi in corso nel campo dell'astronomia e dell'esplorazione spaziale.

Il primo progetto di cui parleremo è il telescopio spaziale James Webb, in costruzione da oltre 20 anni. Questo telescopio sarà il successore del telescopio spaziale Hubble e sarà lanciato nel 2021. Sarà dotato di uno specchio molto più grande di quello di Hubble e sarà in grado di osservare le prime galassie che si sono formate dopo il Big Bang. Il telescopio James Webb sarà anche in grado di rilevare atmosfere di esopianeti e analizzare la loro composizione chimica, aiutandoci a capire meglio come la vita può emergere nell'universo.

Un altro progetto in corso è il Telescopio Gigante di Magellano (GMT). Questo telescopio è in fase di costruzione in Cile e avrà uno specchio di 25 metri di diametro. Il GMT sarà in grado di raccogliere 10 volte più luce rispetto a qualsiasi altro telescopio attuale, consentendogli di osservare oggetti molto deboli e lontani. Sarà utilizzato per studiare fenomeni come i buchi neri supermassicci e le galassie lontane.

La missione Euclid dell'Agenzia Spaziale Europea è un altro ambizioso progetto in corso. Euclid ha come obiettivo lo studio dell'energia oscura e della materia oscura, due componenti misteriose dell'universo. Euclid mappera l'universo in 3D utilizzando osservazioni di oltre 1 miliardo di galassie e quasars. Questa missione ci permetterà di comprendere meglio l'evoluzione dell'universo e di trovare risposte a alcune delle domande più fondamentali della cosmologia.

La NASA sta anche sviluppando una missione per inviare esseri umani su Marte entro gli anni 2030. Questa missione, chiamata Artemis, prevede anche di tornare sulla Luna per stabilirvi una presenza permanente. La NASA sta lavorando anche su missioni robotiche per esplorare le lune di Giove e Saturno, che sono considerate potenziali candidati per ospitare la vita.

Infine, la missione Breakthrough Starshot è un audace progetto che mira a inviare piccole navicelle spaziali propulse da laser verso la stella più vicina, Alpha Centauri. Queste navicelle raggiungerebbero una velocità del 20% della velocità della luce e potrebbero raggiungere la loro destinazione in soli 20 anni. Questa missione potrebbe rivoluzionare la nostra comprensione dell'universo e aiutarci a rispondere a domande fondamentali sulla vita e sull'esistenza umana.

Le sfide ambientali e la protezione del cielo notturno

La protezione del cielo notturno è un argomento di fondamentale importanza che coinvolge l'astronomia, l'ambiente, la cultura e l'estetica. Infatti, l'inquinamento luminoso causato dall'eccessiva illuminazione artificiale ha effetti dannosi sulla salute degli esseri viventi, disturba il loro ciclo di vita e altera la qualità del cielo notturno.

In primo luogo, è importante considerare gli impatti ambientali dell'inquinamento luminoso. Gli animali e le piante sono influenzati dai cambiamenti di luce artificiale, che possono disturbare il loro ciclo di vita e la loro riproduzione. Ad esempio, gli uccelli migratori possono essere disorientati dalle luci della città e perdere il loro senso dell'orientamento. Inoltre, l'inquinamento luminoso può avere effetti sugli ecosistemi e sulla biodiversità in generale. Riducendo l'inquinamento luminoso, possiamo contribuire a preservare il nostro ambiente e il nostro patrimonio naturale.

Inoltre, l'inquinamento luminoso ha anche effetti sulla salute umana. Studi hanno dimostrato che l'esposizione alla luce artificiale può disturbare il sonno e aumentare il rischio di malattie come il cancro, il diabete e l'obesità. I lavoratori notturni, le persone che vivono in aree urbane molto illuminate e i bambini sono particolarmente vulnerabili a questi effetti. Riducendo l'inquinamento luminoso, possiamo migliorare la qualità della vita delle popolazioni.

In termini di astronomia, l'inquinamento luminoso rende difficile l'osservazione degli oggetti celesti, il che è dannoso per la ricerca scientifica. Gli astronomi sono costretti a spostarsi in aree remote per effettuare le loro osservazioni, il che è spesso costoso e difficile. Ciò può anche influire sulla qualità delle osservazioni e sulla capacità degli astronomi di rilevare oggetti celesti deboli. Riducendo l'inquinamento luminoso, possiamo garantire che gli astronomi abbiano accesso a osservazioni di qualità e continuare a fare importanti scoperte.

Oltre a questi aspetti pratici, la protezione del cielo notturno ha anche implicazioni culturali ed estetiche. Il cielo stellato è un patrimonio comune che dobbiamo preservare per le future generazioni. Le stelle e le costellazioni hanno ispirato l'arte, la letteratura e la poesia per migliaia di anni, riflettendo l'importanza che gli esseri umani attribuiscono alla contemplazione del cielo notturno. Proteggendo il cielo notturno, possiamo preservare una parte importante del nostro patrimonio culturale ed estetico, oltre a stimolare la creatività e l'immaginazione delle future generazioni.

La cooperazione internazionale e le iniziative cittadine in astronomia

La cooperazione internazionale in astronomia è un aspetto cruciale per i progressi e le scoperte in questo campo. Gli astronomi, le istituzioni e i governi lavorano insieme per raggiungere obiettivi comuni e sviluppare progetti ambiziosi. Questa cooperazione permette un utilizzo più efficiente delle risorse e delle competenze, oltre a offrire una maggiore comprensione dell'Universo.

Le iniziative cittadine sono diventate sempre più importanti nella promozione dell'astronomia. I gruppi di osservatori amatoriali e le associazioni svolgono un ruolo chiave nella sensibilizzazione del pubblico all'astronomia e nel promuovere la passione dei giovani per le scienze spaziali. Queste iniziative contribuiscono anche alla scoperta di nuovi fenomeni astronomici e al miglioramento dei dati raccolti.

La cooperazione internazionale in astronomia è spesso evidente attraverso progetti di grande rilevanza come l'Osservatorio Europeo Australe (ESO) e il telescopio spaziale Hubble, che hanno visto la partecipazione di diversi paesi. I governi collaborano per finanziare questi progetti e per scambiare competenze e conoscenze.

Queste collaborazioni hanno permesso importanti scoperte, come la scoperta dell'energia oscura e della materia oscura, nonché la conferma dell'esistenza delle onde gravitazionali previste dalla teoria della relatività generale di Einstein. Queste scoperte non sarebbero state possibili senza la cooperazione internazionale in astronomia.

Le iniziative cittadine in astronomia sono inoltre in aumento, con molti gruppi amatoriali e associazioni che offrono programmi educativi e di divulgazione sull'astronomia. Questi gruppi incoraggiano i giovani a esplorare la loro passione per le scienze spaziali e a impegnarsi in attività pratiche di osservazione del cielo. Svolgono anche un ruolo importante nella raccolta di dati su eventi astronomici rari.

Le iniziative cittadine sono state coinvolte anche nella scoperta di nuovi esopianeti, con molti gruppi amatoriali di cacciatori di pianeti che collaborano con gli astronomi professionisti per osservare e confermare la scoperta di questi mondi lontani. Queste collaborazioni dimostrano l'importanza del contributo dei cittadini nell'esplorazione e nella comprensione del nostro universo.

In conclusione, la cooperazione internazionale e le iniziative cittadine in astronomia sono elementi chiave nella promozione dell'esplorazione spaziale e nella comprensione dell'Universo. Consentono un utilizzo efficace delle risorse, lo scambio di competenze e conoscenze e la promozione dell'astronomia presso il pubblico. Queste collaborazioni sono essenziali per raggiungere gli ambiziosi obiettivi dell'astronomia moderna, tra cui la ricerca di vita extraterrestre e la comprensione dell'origine e dell'evoluzione dell'Universo.

Ringraziamenti

Caro lettore,

Sono pieno di emozione e nostalgia per avervi presentato questo libro sull'astronomia. Vi ringrazio di cuore per il vostro interesse e la vostra curiosità su questo affascinante argomento che mi appassiona ogni giorno.

Desidero ringraziare tutte le persone che hanno contribuito alla realizzazione di questo libro, dai specialisti delle scienze spaziali al sostegno incondizionato della mia cerchia di amici e familiari. Senza il loro aiuto, questo progetto non avrebbe mai potuto vedere la luce.

Spero che questa lettura vi abbia permesso di scoprire o riscoprire le meraviglie dell'Universo che ci circonda. Ho cercato di presentarvi i concetti più complessi in modo semplice e comprensibile, facendo attenzione all'accuratezza delle informazioni presentate.

Sono convinto che la scoperta dell'astronomia possa cambiare la nostra prospettiva sul mondo che ci circonda. Osservando le stelle e i pianeti, possiamo comprendere meglio il nostro posto nell'Universo e l'importanza di proteggere il nostro pianeta.

Spero che questo libro vi abbia dato la voglia di saperne di più e di continuare la vostra esplorazione dell'astronomia. Non esitate a unirvi a club di astronomia o a partecipare a eventi di osservazione per continuare a imparare e scoprire.

Infine, spero che abbiate percepito la mia passione per questo argomento lungo queste pagine. Per me, l'astronomia è molto più di una semplice scienza, è un modo di vivere e vedere il mondo.

Grazie ancora per la vostra lettura e spero che questo libro vi accompagni nella vostra personale esplorazione dell'Universo.

Cordiali saluti.